AF316091

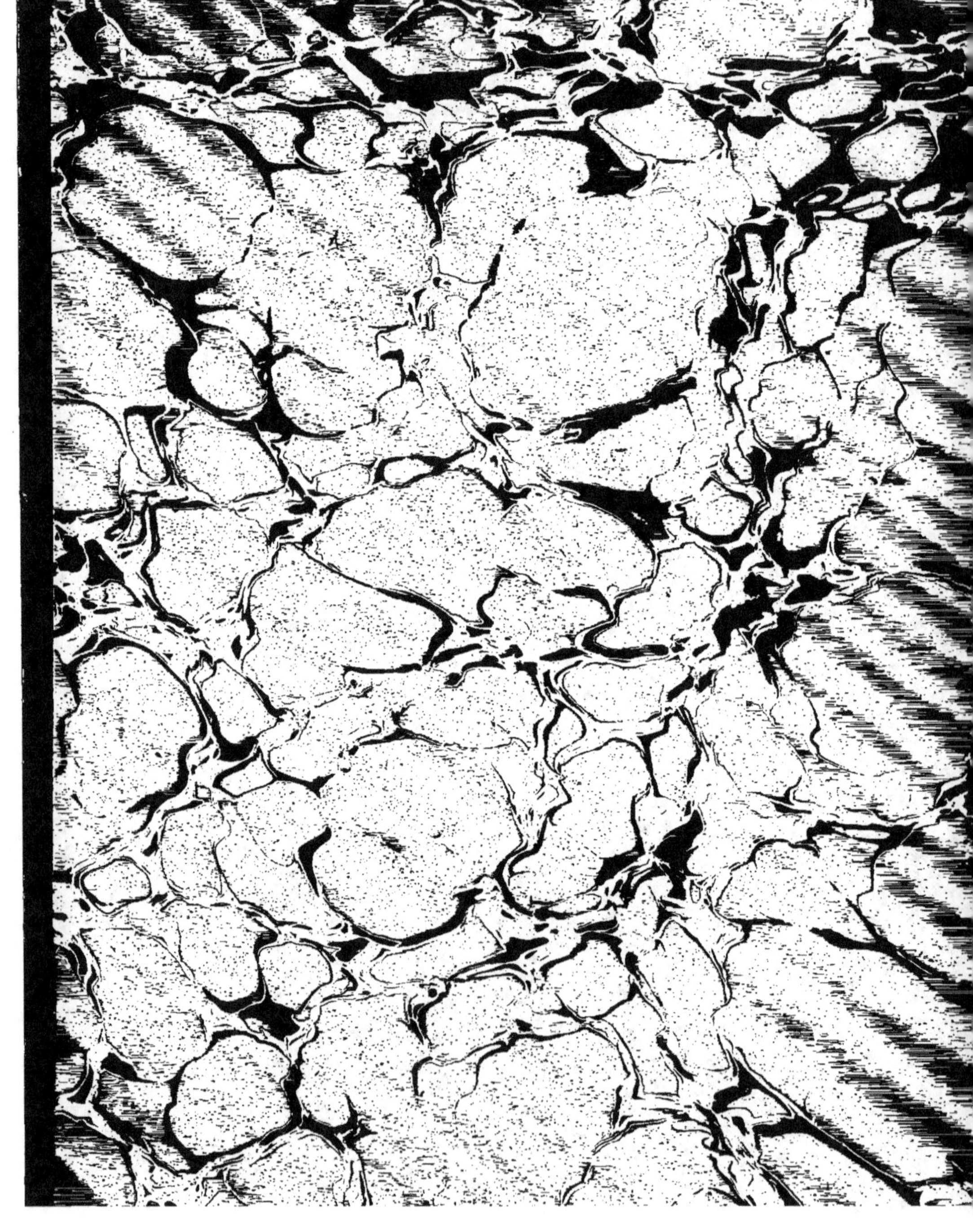

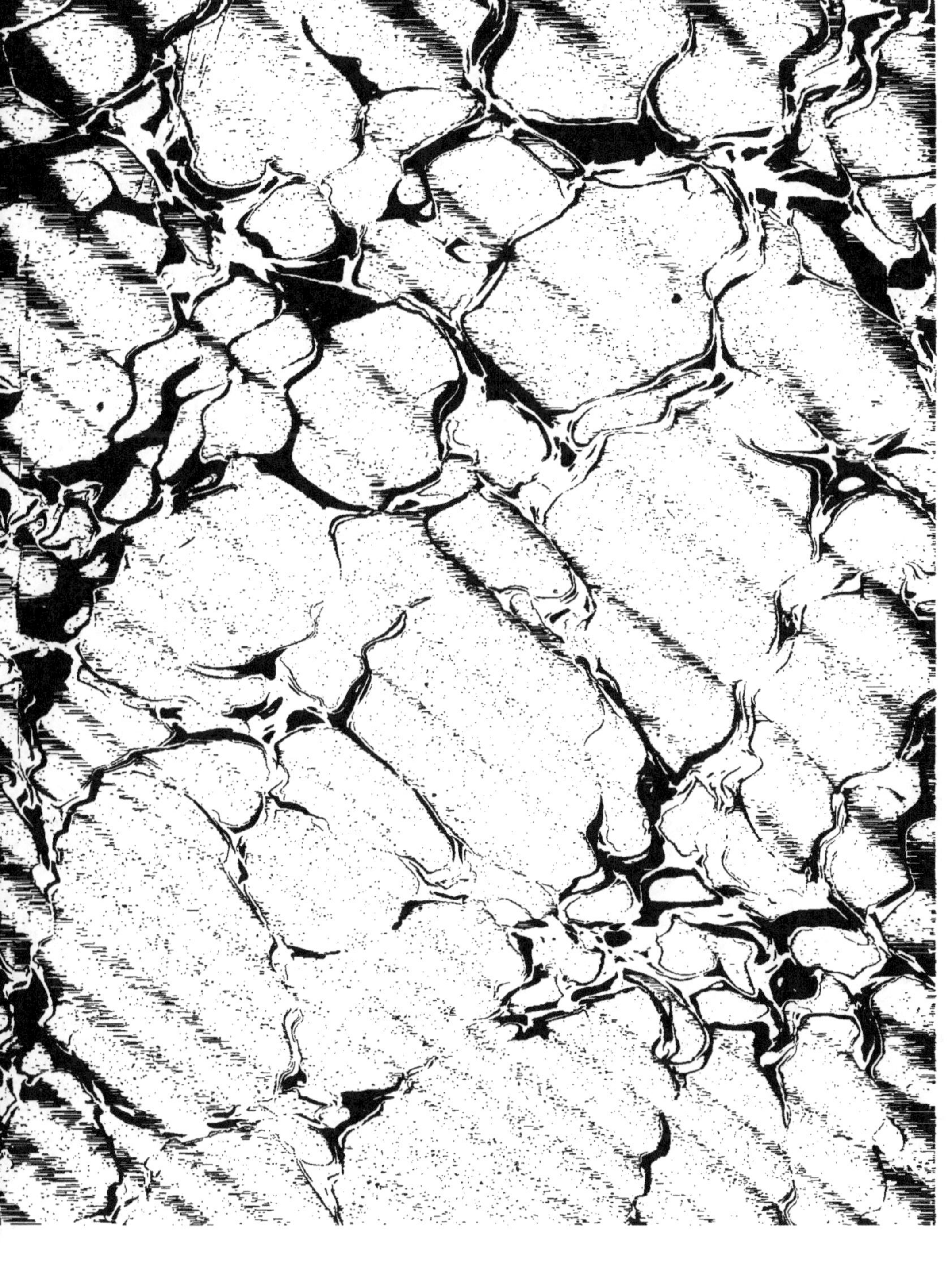

L'ORGANISATION
DU TRAVAIL DANS LES MINES

ET PARTICULIÈREMENT

DANS LES HOUILLÈRES

TANT EN FRANCE QU'A L'ÉTRANGER

CONFÉRENCES

FAITES A L'ÉCOLE LIBRE DES SCIENCES POLITIQUES LES 7 ET 14 FÉVRIER 1890

PAR

CH. LEDOUX

INGÉNIEUR EN CHEF DES MINES

PROFESSEUR A L'ÉCOLE NATIONALE SUPÉRIEURE DES MINES

PARIS

IMPRIMERIE ET LIBRAIRIE CENTRALES DES CHEMINS DE FER

IMPRIMERIE CHAIX

SOCIÉTÉ ANONYME AU CAPITAL DE SIX MILLIONS

Rue Bergère, 20

1890

L'ORGANISATION
DU TRAVAIL DANS LES MINES

ET PARTICULIÈREMENT

DANS LES HOUILLÈRES

TANT EN FRANCE QU'A L'ÉTRANGER

CONFÉRENCES

FAITES A L'ÉCOLE LIBRE DES SCIENCES POLITIQUES LES 7 ET 14 FÉVRIER 1890

PAR

CH. LEDOUX

INGÉNIEUR EN CHEF DES MINES
PROFESSEUR A L'ÉCOLE NATIONALE SUPÉRIEURE DES MINES

PARIS

IMPRIMERIE ET LIBRAIRIE CENTRALES DES CHEMINS DE FER

IMPRIMERIE CHAIX

SOCIÉTÉ ANONYME AU CAPITAL DE SIX MILLIONS

Rue Bergère, 20

1890

L'ORGANISATION

DU TRAVAIL DANS LES MINES

ET PARTICULIÈREMENT

DANS LES HOUILLÈRES

TANT EN FRANCE QU'A L'ÉTRANGER

On s'est beaucoup occupé des mines en France, — beaucoup trop peut-être — dans ces dernières années.

A la suite d'événements retentissants, l'attention publique a été attirée sur les conditions d'existence de la population des mines. La presse s'est emparée de la question. Quelques personnalités remuantes ont trouvé dans les prétendues infortunes des mineurs un magnifique élément de réclame; ces messieurs se sont donné à eux-mêmes la mission de représenter les intérêts de cette classe de travailleurs ; ils en ont fait une carrière et plusieurs y ont même rencontré une fortune politique absolument imprévue.

Le roman s'en est mêlé et s'est chargé de nous tracer de la vie du mineur dans le nord de la France un tableau qui ressemble à la réalité, à peu près comme ces images réfléchies dans un miroir courbe ressemblent au modèle placé devant eux.

Mais grâce au talent de l'auteur, le roman a été très lu et beaucoup de Français ont cru de bonne foi connaître la mine et les mineurs, parce que, un soir, les pieds sur les chenets, ils avaient parcouru « Germinal ».

De cette agitation et de la fièvre législative qui caractérise notre époque est née une multitude de projets de loi.

Les plus radicaux proposent purement et simplement ce qu'ils appellent par euphémisme le retrait des concessions minières et qui, en bon français, signifie la spoliation des concessionnaires de mines et la confiscation de propriétés qui ne doivent leur valeur qu'au travail et qui sont tout aussi respectables que celles d'une maison ou d'un champ.

D'autres, jugeant qu'il faut défendre la sécurité des ouvriers compromise par les préoccupations égoïstes des exploitants, ont proposé de faire contrôler les ingénieurs par des délégués choisis parmi les ouvriers et par eux.

D'autres enfin, estimant que les ouvriers mineurs sont insuffisamment assurés contre les risques de la maladie, des accidents, ou contre la vieillesse, ont proposé, à l'instar de la Prusse, une série de lois pour réglementer ces matières.

De leur côté, les gens compétents pensent que beaucoup de ces projets sont ou dangereux ou inutiles, qu'ils vont contre les intérêts mêmes qu'ils voudraient protéger et qu'avant de toucher à une organisation délicate, et qui a fait ses preuves, il convient de bien examiner si ce qu'on détruit ne vaut pas mieux que ce qu'on veut mettre à la place.

Il n'est donc pas hors de propos, puisque la question est posée devant l'opinion publique, de décrire le fonctionnement de ces machines compliquées qui doivent donner satisfaction à des besoins très divers, techniques, commerciaux, économiques, qui empruntent à la nature toute spéciale du travail un caractère particulier, et de comparer la condition de nos mines et de nos ouvriers français avec ceux des autres pays. C'est ce que je vais tenter de faire aujourd'hui.

Constitution de la propriété minière. Sociétés.

Aucune industrie n'est plus chanceuse que celle des mines. Elle exige l'immobilisation de capitaux considérables.

On peut estimer en effet que, en France, il faut dépenser de 2 à 3 millions de francs pour créer une exploitation de cent mille tonnes de houille. Il s'écoule ordinairement un temps assez long entre le moment où l'exploitation commence et celui où elle devient rémunératrice. Enfin, l'on sait combien chez nous les fortunes sont divisées.

C'est pourquoi il est rare, au moins sur le continent, que les mines restent la propriété d'une seule personne. Ordinairement elles sont mises en valeur et exploitées par des sociétés.

Les sociétés, en France, se présentent sous les trois formes prévues par notre législation :

la société civile (qu'on rencontre à Anzin, à Aniche et dans la plupart des mines du Pas-de-Calais) ;

la société en commandite par actions, telle que la Société Schneider et Cie (le Creusot), ou Jules Chagot et Cie (Blanzy) ;

la société anonyme par actions (Grand'Combe, Carmaux, les mines de la Loire, etc.).

Je n'ai pas à expliquer ici les différences très grandes qui existent entre ces différentes formes au point de vue juridique.

Je rappellerai seulement que, dans la forme en commandite, le gérant, qui est seul en nom, dirige et administre seul l'entreprise, que les sociétés anonymes et la plupart des sociétés civiles sont administrées par un conseil qui délègue ses pouvoirs pour la direction et l'administration courantes, soit à l'un de ses membres (président ou administrateur délégué), soit à un directeur pris en dehors de lui.

Le plus souvent ce directeur est un ingénieur qui, outre les connaissances techniques, possède l'expérience des hommes et des choses nécessaire pour mener une grande affaire et commander à un nombreux personnel.

Le gérant, administrateur délégué ou directeur d'une entreprise minière, a sous ses ordres les trois grands services suivants :

le service technique;

le service administratif et financier;

le service commercial.

Le service technique est de beaucoup le plus important de tous. C'est le seul dont je m'occuperai ici.

Il comprend :

la surveillance et la direction des travaux souterrains, des opérations de triage, de lavage et de chargement à la surface ;

la surveillance et la direction des fabrications de coke et d'agglomérés ;

la surveillance et la direction des chemins de fer extérieurs, des ports d'embarquement, des ateliers de construction et de réparation ;

l'étude et l'exécution des travaux neufs.

Le plus souvent, et c'est le meilleur système, ces différentes branches relèvent d'un seul ingénieur en chef ou ingénieur principal.

Quelquefois, à l'imitation de ce qui se passe dans les chemins de fer, il y a un ingénieur spécial pour l'étude et l'exécution des travaux neufs de la surface. Il y aura alors deux ingénieurs en chef :

l'ingénieur en chef du fond ;

l'ingénieur en chef du jour.

Je ne parlerai que du service du fond, qui emploie les ouvriers mineurs proprement dits.

Au-dessous de l'ingénieur en chef ou ingénieur principal, il y a un ou plusieurs ingénieurs divisionnaires.

Ils sont chargés chacun d'une division, c'est-à-dire de deux ou trois exploitations ou sections distinctes, confiées chacune à un ingénieur de section.

Suivant la nature, la difficulté, la concentration plus ou moins grande des travaux, chaque division correspond à une extraction qui varie entre 100,000 et 400,000, parfois même 500,000 tonnes, et chaque section à une extraction de 50,000 à 200,000 tonnes.

En France, en Belgique et en Prusse, les ingénieurs sont formés dans des écoles spéciales et ont presque tous reçu une forte éducation scientifique et technique.

En Angleterre, le recrutement est tout différent. Je vous en parlerai tout à l'heure.

L'ingénieur doit descendre tous les jours, ou presque tous les jours, dans la mine, afin de suivre dans leurs moindres détails la marche des chantiers. Son attention doit être toujours en éveil sur tout ce qui intéresse la sécurité du personnel et particulièrement sur l'aérage, dans les mines grisouteuses.

C'est là une lourde responsabilité : la vie des 3, 4 ou 500 hommes, qui sont dans les travaux dépend de la stricte observation des règlements, de la marche régulière des machines et de leur bon entretien.

L'imprudence d'un seul peut compromettre la vie de tous. Aussi, l'obéissance est-elle de rigueur comme sur un navire. Le maintien d'une stricte discipline doit être l'un des soucis de l'ingénieur.

L'instruction, surtout technique, que reçoivent nos ingénieurs dans les écoles, les idées d'honneur et de devoir professionnel dont ils s'y imprègnent, et aussi, il faut le reconnaître, l'influence très efficace des ingénieurs de l'État, font qu'en France, et j'ajoute, en Belgique, la plupart des exploitants font passer avant tout les considérations de sécurité et leur subordonnent absolument les considérations d'économie.

Je puis affirmer que, dans le cours d'une carrière déjà longue, je n'ai jamais vu un conseil d'administration repousser une dépense destinée à accroître la sécurité et proposée par les ingénieurs. Les choses se passent-elles ainsi dans toutes les mines allemandes ou anglaises et n'y voit-on pas parfois les considérations purement économiques l'emporter sur les préoccupations de bien-être ou de sécurité, c'est ce que semble indiquer la statistique des accidents survenus dans les houillères des différents pays.

Pendant la période décennale de 1872 à 1881, il y a eu dans les mines :

de Saxe,   1 ouvrier tué sur 295 ouvriers employés et par an.
de Prusse, 1   —   346   —
de Belgique, 1   —   419   —
d'Angleterre, 1   —   458   —

de France, 1 ouvrier tué sur 476 ([1]) ouvriers employés et par an, dans les houillères du Nord de la France, 1 ouvrier tué sur 628.

Or, il faut ajouter que les houillères de Prusse et d'Angleterre sont beaucoup plus faciles à exploiter que celles de Belgique et de France, et la moindre proportion d'accidents dans ces derniers pays paraît devoir être attribuée à une différence dans la direction et la surveillance des travaux.

A titre de renseignement, il est intéressant de comparer la mortalité par accidents dans d'autres industries, dont les ouvriers excitent dans le public moins d'intérêt que les mineurs.

Sur le chemin de fer du Nord français, pendant la même période décennale, il y a eu 1 employé tué sur 612 (mortalité un peu plus grande que dans les mines du Nord).

Sur l'État belge *1 sur 336*.

Dans la marine de pêche anglaise *1 sur 256* embarqués.

A la pêche de la morue (marine française de Dunkerque et de Boulogne) *1 sur 109* ([2]) !

Rapports
avec les ouvriers.

Outre ses attributions techniques, l'ingénieur a encore un rôle bien important à remplir, celui dont dépendent à la fois et la prospérité de l'entreprise et la bonne santé morale de la population ouvrière. Comme la plus grande partie de la dépense d'exploitation, c'est-à-dire du prix de revient, réside dans la main-d'œuvre, (celle-ci forme les 3/5 parfois même les 3/4 de la dépense totale), l'effort de l'ingénieur doit être tourné vers la meilleure utilisation possible de cette main-d'œuvre, soit par l'emploi des moyens techniques et mécaniques, soit par les moyens moraux, ceux-ci consistant dans une organisation rationnelle des salaires.

En outre, dans l'application de ces moyens, quel que soit d'ail-

---

(1) Cette proportion est même tombée de 1881 à 1887 à 1 sur 644 pour toute la France et à 1 sur 1087 pour le Nord.

(2) Villemain, op. 53, juin 1887.

leurs le mode de rémunération adopté, et dans le règlement journalier des petites difficultés qui peuvent se présenter, l'ingénieur doit
s'inspirer avant tout de l'équité la plus stricte. L'ouvrier, et particulièrement l'ouvrier français, disons-le à l'honneur de notre race,
est très sensible au sentiment de la justice, et ce sentiment est un
facteur dont il faut tenir le plus grand compte. Les chefs doivent
donc avant tout être justes et régler les questions dans un esprit
de bienveillante équité. Il leur faut beaucoup de tact pour savoir
distinguer entre les réclamations légitimes et les plaintes mal fondées, et de fermeté pour maintenir en même temps une stricte
discipline.

Cet esprit de bienveillance et d'équité anime la plupart de nos direc- En Prusse.
tions minières en France. Il n'en est pas de même chez nos voisins de
l'Est et particulièrement en Prusse. Je ne dis certes pas que l'équité
y soit absente. Mais la bienveillance y fait défaut. Les habitudes du
rigide commandement militaire sont transportées dans la vie civile,
et cela se conçoit d'autant plus que, grâce au recrutement régional,
ce sont souvent les mêmes chefs qui commandent au régiment et
dans la mine. En outre, le tempérament prussien fait que ce commandement est exercé avec une rigueur, pour ne pas dire plus, que
jamais nos ouvriers français ne supporteraient.

Pour bien caractériser cette différence de traitement, laissez-moi
emprunter une comparaison aux habitudes commerciales.

Dans le commerce, quand on fait la pesée des marchandises en
gros, il est impossible pratiquement d'obtenir un poids rigoureu-
sement exact ; il y a donc nécessairement une légère différence en
plus ou en moins, et l'usage veut que cette différence soit en faveur
de l'acheteur, ce qu'on exprime en disant que le fléau doit pencher
du côté de l'acheteur, ou que le trait est en faveur de ce dernier.
Eh bien, l'on peut dire que dans le règlement des questions qui se
présentent journellement entre patrons et ouvriers, en France le
trait est presque toujours en faveur de l'ouvrier, qu'en Prusse
il est plutôt en faveur du patron.

Il y a encore une autre raison pour que le traitement des ouvriers soit différent en France et dans les pays voisins, c'est que, en France, la puissance politique appartient aujourd'hui au nombre, c'est-à-dire aux ouvriers, et que les gens ne manquent pas pour les en faire souvenir, si parfois ils étaient tentés de l'oublier, tandis que, en Belgique et en Prusse, les classes qui possèdent le capital et l'instruction sont en même temps investies du pouvoir politique. Les ouvriers sentent cela; il n'est donc pas étonnant que lors de la grande grève de Charleroi, en 1887, les meneurs se soient emparés de ce sentiment instinctif des ouvriers et aient poussé ceux-ci à revendiquer le suffrage universel, et, qu'en Prusse, les mineurs de Westphalie et de Silésie aient fourni de si nombreuses recrues au socialisme, dont l'objectif est en somme le déplacement vers le bas du centre de gravité politique de la nation.

La fixation des prix qui servent de base aux salaires n'est pas toujours facile pour les ingénieurs.

Elle exige une grande habitude des travaux.

Maitres mineurs et porions. — C'est pourquoi un jeune ingénieur, tout frais émoulu des écoles, est-il incapable de remplir convenablement un tel emploi. Il lui faut plusieurs années de pratique. Il a d'ailleurs auprès de lui pour l'aider dans ces délicates appréciations, des gens expérimentés, vieillis dans le métier : ce sont les sous-officiers de cette grande armée du travail, les contremaîtres, qu'on appelle porions dans le nord, gouverneurs dans la Loire, maîtres mineurs dans le Centre et le Midi, lesquels ont sous leurs ordres des surveillants, qu'on appelle chefs de poste, lampistes ou boute-feux.

Les porions et maîtres mineurs sont recrutés parmi les chefs de poste et surveillants inférieurs, ceux-ci parmi les ouvriers les plus intelligents et de meilleure conduite.

Les qualités de caractère, c'est-à-dire la fermeté, l'esprit de discipline, l'exactitude dans l'exécution des ordres reçus, la régularité de vie, enfin l'expérience pratique du métier, sont dans ce service bien plus nécessaires que l'instruction technique. Aussi la plupart des grandes exploitations ne choisissent-elles comme porions ou maîtres mineurs que des gens éprouvés et sûrs et non des jeunes gens sortis des écoles d'Alais ou de Douai, qui n'ont pas la maturité nécessaire.

Ceux-ci ne sont ordinairement nommés maîtres-mineurs qu'après plusieurs années de stage en qualité de chefs de poste.

Suivant la difficulté plus ou moins grande du parcours dans les travaux, les dangers qu'ils présentent, le nombre des surveillants varie entre les chiffres suivants :

il y a : 1 chef de poste ou lampiste pour 25 à 40 hommes ;

1 porion ou maître mineur pour 2 ou 4 chefs de poste ;

1 maître porion ou maître mineur chef pour 2 à 4 porions ou maîtres mineurs.

Je ne parle pas des surveillants de surface. Ils rentrent dans la catégorie des surveillants ou contremaîtres de chantiers ou d'ateliers, et il n'y a rien de particulier à en dire.

Je terminerai cet exposé de l'organisation du personnel dans les mines françaises par une remarque importante sur les attributions respectives des ingénieurs et des maîtres mineurs, ou porions.

Autrefois, dans un certain nombre de mines françaises, et encore aujourd'hui dans quelques-unes, les attributions des ingénieurs étaient purement techniques ; toutes les questions concernant les salaires, l'établissement des prix, le règlement des indemnités pour difficultés exceptionnelles, la distribution des divers chantiers entre les ouvriers, l'embauchage et le renvoi des hommes, appartenaient au maître mineur chef, qui était le véritable maître de la mine, comme l'overman des mines anglaises dont nous parlerons tout à l'heure.

Ce système existait à Anzin, il y a huit ans ; on le retrouve encore plus ou moins atténué dans certaines mines du Pas-de-Calais, du bassin de la Loire et du Midi.

Autrefois, à Anzin, il n'y avait pas d'ingénieur sur chaque puits. Les ingénieurs divisionnaires avaient auprès d'eux des agents de surveillance qu'on appelait des conducteurs et des vérificateurs ; mais la conduite effective de 500 ou 600 ouvriers de chaque puits était abandonnée en fait uniquement au maître porion chef.

Mon expérience personnelle me permet de dire que ce système

est mauvais, aujourd'hui surtout que la conduite de la population ouvrière est devenue si difficile et exige tant de ménagements.

Ce maître porion est un ouvrier comme les autres, vivant avec eux et de leur vie; il a sous ses ordres ses parents, ses amis et les amis de ses amis; il lui est impossible de garder l'impartialité nécessaire dans cette tâche si délicate du maniement des salaires et du règlement quotidien de mille petites questions qui s'y rattachent. Il oscille constamment entre le favoritisme et la raideur. Il n'a, d'ailleurs, ni l'éducation, ni l'instruction qui le mettent au-dessus de ceux qu'il commande. Son autorité est trop souvent tyrannique et injuste.

Les abus sont bien pires là où, soit par faiblesse, soit par laisser aller, l'administration de la mine permet au porion ou à sa femme de tenir un débit ou de gérer un petit commerce. Les ouvriers se divisent alors en deux classes : les clients, qui sont en même temps souvent des débiteurs, et qu'on favorise, — et les autres.

De là des injustices et des mécontentements profonds, qui aigrissent les ouvriers, et qui offrent un terrain tout préparé pour la grève.

Il importe donc beaucoup que l'ingénieur soit le véritable maître dans la mine et que le règlement de toutes les questions concernant les salaires, la conduite des hommes, le maintien ou la remise des amendes, lui soit exclusivement réservé.

Il faut pour cela qu'il descende tous les jours, ou presque tous les jours, dans les travaux, qu'il se tienne en contact constant avec les ouvriers, qu'il les connaisse, qu'il les suive et qu'il les tienne dans sa main. Sans doute, c'est un métier très pénible, mais c'est une nécessité de la carrière, et les jeunes gens qui l'embrassent doivent savoir à quoi ils s'engagent.

Il y a, je le sais, plus d'une grande mine en France, où les ingénieurs ne sont pas astreints à ce service fatigant et où ils laissent faire volontiers leurs gouverneurs et porions.

On peut être assuré qu'il y a dans ces administrations une fissure par laquelle entrent ou entreront un jour le mécontentement et la grève à sa suite.

Je résume comme suit les conditions que doit remplir aujourd'hui la direction technique d'une grande mine pour assurer, d'une part, la sécurité du personnel, d'autre part, la bonne harmonie entre l'exploitant et ses ouvriers :

1° Il doit y avoir à la tête de chaque section un ingénieur suffisamment expérimenté, ayant seul l'autorité *effective*.

2° Cet ingénieur doit conserver la haute main sur toutes les questions qui touchent à l'embauchage ou au renvoi des ouvriers, aux salaires, au maintien ou à la levée des amendes, à la distribution des chantiers, etc.

3° Le règlement des petites difficultés journalières doit être fait par lui dans un esprit de bienveillante équité vis-à-vis de ses hommes, et il doit veiller avec le plus grand soin à ce que tout favoritisme soit proscrit.

4° Pour atteindre ce résultat, il est indispensable que l'ingénieur descende tous les jours dans les travaux, connaisse ses ouvriers et les tienne en main, et que les porions et gouverneurs soient réduits au simple rôle d'agents d'exécution et de surveillance.

Telle est l'organisation d'une grande affaire de mines dans le Centre et l'Ouest du continent européen.

Elle procède, en ce qui concerne la constitution de la propriété minière, du régime des concessions d'une part, et d'autre part de la division des fortunes, d'où l'exploitation par des sociétés, et, en ce qui concerne le recrutement et les attributions du personnel dirigeant, de l'esprit généralisateur et synthétique qui commence par la théorie pour aboutir à la pratique, d'où nos écoles d'ingénieurs et le rôle inférieur laissé aux gens purement pratiques.

Les Anglais, dont l'esprit suit une marche absolument inverse de la nôtre, qui procèdent du particulier au général, qui partent toujours de la pratique avant d'aborder la théorie, chez qui aussi le régime de la propriété n'est pas le même, les Anglais, dis-je, ont une organisation minière tout à fait différente de celle du continent.

Tout d'abord, en Angleterre, la propriété du dessus emporte celle du dessous. La mine appartient donc au propriétaire du sol et elle est exploitée soit par lui, ce qui est assez rare, soit le plus souvent

Organisation
anglaise.

par des locataires, à qui elle est louée pour vingt à trente ans, rarement plus, moyennant une redevance ou royalty.

Les fortunes sont d'ailleurs beaucoup moins divisées que sur le continent.

Enfin, à cause des facilités d'exploitation des gisements, des ressources industrielles du pays, des obligations restreintes ou nulles vis-à-vis des ouvriers, le capital à immobiliser est beaucoup moindre qu'en France.

Les conséquences sont que :

1° on rencontre en Angleterre beaucoup de simples particuliers propriétaires ou exploitants de mines ;

2° que ces exploitants, n'étant le plus souvent que locataires pour un temps limité, s'inquiètent peu du bon aménagement des richesses minérales et gaspillent les gîtes ; que leur unique préoccupation est d'exploiter à bon marché, qu'ils feront par conséquent le minimum possible de travaux préparatoires , et que leur préoccupation principale sera d'exploiter économiquement.

Cette recherche de l'économie, jointe à l'antipathie instinctive des Anglais pour la théorie, aidée en outre par les conditions extraordinairement favorables de leurs gisements, les a conduits à simplifier singulièrement leur personnel dirigeant.

L'exploitant, qui est en même temps le plus souvent armateur ou industriel, s'occupe du placement de ses charbons et réside sur le centre des ventes, qui est souvent le port d'embarquement.

Manager.

La mine proprement dite est menée par un *manager* ou intendant qui se préoccupe surtout de la direction économique de l'entreprise et dont les connaissances techniques se bornent ordinairement à une expérience pratique. Depuis quelques années, les managers doivent avoir subi avec succès un examen technique dont le programme est d'ailleurs assez limité. Ils sont responsables des accidents.

Un manager est payé de 4,000 à 5,000 francs par an.

Overman.

Le fond est dirigé par un maître porion chef, appelé overman, qui a sous ses ordres des porions et des surveillants (baillifs et firemen).

C'est l'overman chef qui embauche les ouvriers et règle leurs salaires.

Agent ou viewer.

Quant aux travaux d'avenir, dont l'étude exige des connaissances mathématiques, physiques, mécaniques étendues, les projets sont dressés par une sorte d'ingénieur-conseil, dit *agent* ou *viewer*, qui réside au chef-lieu du district et qui suit les affaires techniques de plusieurs mines. Il est payé 8 à 10,000 francs par an par chaque mine et gagne de 200 à 250,000 francs par an.

Cet ingénieur a des bureaux organisés comme nos bureaux d'architectes, dans lesquels des jeunes gens sont employés et paient fort cher pour apprendre leur métier.

Il n'y a pas, à proprement parler, d'école pour les mines en Angleterre. L'École des mines de Londres, très peu suivie, forme surtout des chimistes et des métallurgistes.

Ce qui caractérise l'organisation anglaise, c'est la faiblesse technique de la direction et la prépondérance des préoccupations économiques.

Aussi les accidents étaient-ils si fréquents que, malgré sa répugnance à intervenir dans les questions privées, le gouvernement anglais dut agir pour protéger les mineurs.

Inspecteurs.

Plusieurs lois successives rendirent obligatoire une réglementation, souvent très minutieuse, et un corps d'inspecteurs fut créé pour veiller à son exécution; les inspecteurs sont seulement au nombre de 12 pour le Royaume-Uni.

Parmi les très nombreuses règles inscrites dans la loi de 1887, se trouve (§ 38 de l'article 49) la suivante qui consacre :

« le droit pour les personnes employées dans une mine de dési-
» gner de temps en temps deux d'entre elles, ou deux personnes qui
» ne soient pas ingénieurs des mines, mais *qui travaillent actuellement*
» et *effectivement comme ouvriers mineurs*, pour inspecter la mine à

» *leurs frais*. Ces visites pourront avoir lieu au moins une fois par
» mois... »

Cette disposition légale n'est généralement pas appliquée, et, dans
la plupart des mines anglaises, les ouvriers n'usent pas de la faculté
qu'elle leur confère.

C'est elle que l'on a voulu probablement imiter en France par
l'institution des délégués mineurs.

Déléguès
mineurs.

Ce que je vous ai dit de la faiblesse technique de la direction de
la plupart des mines anglaises justifie, dans une certaine mesure, cette
prescription de la loi.

Mais en France, où la direction technique de chaque mine est
confiée à de véritables ingénieurs, où la surveillance est très active,
puisqu'il y a un surveillant par 25 à 30 hommes, l'action des délégués ne modifiera pas sensiblement la situation. Dans une mine où
il y a 25 chefs de poste ou surveillants, l'adjonction d'un vingt-
sixième, qui n'opérera d'ailleurs que quelques jours par mois, n'ajoutera absolument rien à la sécurité.

Elle lui sera, au contraire, nuisible, car la discipline souffrira
infailliblement des critiques le plus souvent mal fondées qu'un
délégué ignorant et malveillant dirigera contre les chefs. On ne
conçoit pas bien des matelots désignant un délégué pour contrôler
le capitaine et critiquer les mesures qu'il croit devoir prendre.

Je ne puis m'appesantir sur cette question qui ne vient ici qu'in-
cidemment. Je ne saurais mieux faire, pour conclure, que de citer ici
l'opinion exprimée par une personne des plus compétentes dans la
matière, par M. le ministre des travaux publics, devant la commis-
sion de la Chambre des députés, chargée d'examiner la proposition
portant création de délégués mineurs.

« Le ministre a déclaré qu'en principe il était absolument opposé
» à l'institution des délégués mineurs. Ces délégués, élus par les
» ouvriers, seraient chargés, a-t-il dit, d'inspecter les mines. Ils
» seront toujours incompétents en matière d'organisation générale
» des mines et leur besogne se réduira à vérifier les conditions de
» sécurité du travail.

» Or ces conditions n'entrent jamais en ligne dans les revendica-
» tions des ouvriers mineurs. On n'a jamais vu de grèves de mineurs
» après un accident. Les grèves ne sont nées que des questions de
» durée des heures de travail, de taux de salaires ou de réglemen-
» tation des caisses de retraites.

» Ce sont les seules questions qui préoccupent les ouvriers mineurs
» et ce seront les seules qui seront traitées par les candidats au
» poste de délégué mineur qui solliciteront les suffrages des ouvriers.

» On risque donc de faire de ces délégués de véritables agents de
» grèves. »   (*Temps du 23 janvier 1890.*)

A l'appui de l'opinion de M. le ministre, j'ajouterai que les
ouvriers ne se soucient absolument pas des délégués mineurs. Ce
qui le prouve avec évidence c'est que, lors des grèves toutes récentes du Pas-de-Calais, dans lesquelles les ouvriers ont exposé tous
leurs griefs, il n'a jamais été question des délégués mineurs. Pas un
n'a parlé du projet de loi en suspens et n'a exprimé le désir qu'il
fût voté.

Je viens d'exposer l'organisation du personnel dirigeant dans
nos mines. Après avoir décrit les cadres, il me reste à parler des
soldats.

Les ouvriers se divisent en un grand nombre de catégories, dont Ouvriers.
les principales sont :

les mineurs proprement dits qui comprennent :

les piqueurs, ainsi désignés du nom de leur outil habituel ;

les mineurs au rocher ;

les boiseurs, appelés raccommodeurs dans le Nord, ordinairement
assistés d'un aide, enfant nommé galibot ;

les remblayeurs ;

les rouleurs ou hercheurs, les freinteurs ou teneurs de frein et
les conducteurs de chevaux ;

les receveurs et les moulineurs ;

au jour, les tricurs et les manœuvres pour le chargement des
wagons.

Les mineurs doivent exécuter des travaux très variés, non seulement abattre le charbon ou le minerai, mais encore boiser leur taille ou leur galerie, placer les remblais, faire sauter les rocs, c'est-à-dire faire le coupage des voies, poser les voies de chemins de fer, etc. Aussi faut-il beaucoup de temps pour former un mineur, et est-ce seulement dans les romans qu'on voit un ouvrier menuisier ou ferblantier devenir mineur du jour au lendemain.

Recrutement. — C'est un métier qu'il faut commencer jeune, sinon on ne s'y fait jamais.

On ne peut guère compter pour cela que sur les fils de mineurs. Ceux-ci emmènent dans la mine leurs enfants, qui débutent comme rouleurs ou freinteurs, puis, dans leurs moments perdus, apprennent à manier le pic, à poser un bois et, vers 18 ou 19 ans, peuvent passer mineurs. De là une conséquence économique importante, c'est que le développement de l'industrie houillère est subordonné à celui de la population ouvrière, et qu'il est impossible, quelle que soit la richesse d'un gîte de charbon et quels que soient les capitaux qu'on y consacre, d'improviser une grande exploitation. Il faut toujours compter avec le temps.

Mines métalliques. — Il n'en est pas tout à fait de même pour les mines métalliques, où les roches sont généralement très solides, où le boisage est beaucoup plus succinct, où l'atmosphère est moins lourde, où en somme l'adaptation au milieu est incomparablement plus facile que dans une mine de houille.

Institutions patronales. — C'est cette difficulté spéciale du recrutement de la population ouvrière, jointe aux sentiments généreux et philanthropiques qui sont innés en France, qui a poussé les exploitants à multiplier les avantages de toutes sortes et les institutions de prévoyance destinés à retenir et à attirer les ouvriers. Nulle industrie, au moins en France, n'a fait davantage pour son personnel que l'industrie houillère.

Quelques hommes de bien, à la tête desquels sont MM. Jules

Simon, Siegfried, Picot, Rochard, ont fondé une association ayant pour objet de provoquer la construction de maisons ouvrières saines et à bon marché. Dans des brochures et des conférences, ces messieurs ont exposé l'influence que l'habitation exerce sur l'état moral de l'ouvrier ; ils ont affirmé que c'était un devoir pour les personnes riches de procurer aux déshérités de ce monde un logis décent et salubre. Les exploitants de mines n'ont pas failli à ce devoir. Sauf dans la Loire et quelques districts du Midi où les mines sont dans le voisinage de grandes villes, les exploitants ont construit des maisons qu'ils louent pour un prix modique à leurs ouvriers. Citons en première ligne : MM. Chagot et Cie, Schneider et Cie, Ronchamp, tout le Nord et le Pas-de-Calais.

A Anzin, par exemple, une maison coûte de 3,000 à 3,500 francs et est louée de 4 à 6 francs par mois, loyer qui couvre à peine le impôts et les frais d'entretien. Ces demeures ont toutes un petit jardin de deux ares, que le mineur cultive, dans l'après-midi, quand il est sorti de la mine.

Les villages, formés par la réunion de ces maisons ouvrières s'appellent dans le Nord des corons; ils sont pourvus d'églises et d'écoles bâties et entretenues par les compagnies. Car la gratuité de l'enseignement était pratiquée par les sociétés minières bien avant qu'elle ne fût ordonnée par les lois.

Corons.

Les exploitants entretiennent un service médical et pharmaceutique pour les ouvriers blessés ou malades et leurs familles.

Service médical.

Les ouvriers mariés sont soignés chez eux, quand ils sont malades. Les célibataires, ou les blessés, sont traités dans des hôpitaux entretenus par les compagnies.

Hôpitaux.

Les ouvriers malades ou blessés reçoivent des secours qui sont proportionnés à leur situation de famille. Quand leurs blessures les rendent incapables de travail, ils reçoivent une pension. On cherche en outre à améliorer leur situation en leur confiant de

Secours en cas de maladies ou de blessures.

petits travaux de surveillance compatibles avec les moyens physiques qui leur restent.

Enfin, les familles des ouvriers tués par accident reçoivent toujours une pension.

Il y a dans l'organisation de ces fonds de secours deux systèmes :

Ou bien, comme à Anzin, à Bruay, à Commentry, à Montrambert et, je crois aussi, au Creusot, la Compagnie prend à sa charge ce service de secours, sans aucune retenue sur les salaires ; dans ce cas, il n'y a pas de caisse de secours : les compagnies distribuent leurs secours elles-mêmes, toujours d'après des tarifs connus et publiés qui constituent pour elles un engagement vis-à-vis de leurs ouvriers.

Caisses de secours.

Ou bien, comme dans la plupart des autres houillères, il existe une caisse spéciale dite caisse de secours, alimentée par une retenue sur les salaires (ordinairement 3 0/0), par des versements des Compagnies et par le produit des amendes.

Ces caisses sont administrées par des conseils d'administration composés d'ouvriers désignés par leurs camarades et d'employés nommés par ceux de leurs collègues qui participent à la Caisse. Le directeur est ordinairement président de droit. Ces nominations se font à l'élection et celle-ci est entourée de garanties d'âge et d'ancienneté. Dans ces Conseils, la majorité est souvent laissée à dessein aux ouvriers, ce qui n'a aucun inconvénient et offre au contraire des avantages.

Sociétés libres de secours mutuels.

A Anzin, la Compagnie a favorisé la création de sociétés de secours mutuels absolument libres, administrées uniquement par les représentants des ouvriers, et qui sont alimentées par des cotisations volontaires des adhérents, par des dons fréquents de la compagnie et par le produit des amendes.

Les délégués administrateurs de ces sociétés, élus par leurs camarades, sans aucune préoccupation étrangère à leur mandat spécial, sont tous de bons ouvriers, de conduite régulière, rangés et sérieux. Ils défendent fort bien les intérêts de leur caisse contre les simulations et la paresse, et la compagnie profite de leurs indications dans l'attribution des secours qu'elle distribue de son côté.

Du reste, en général, les ouvriers délégués au conseil des caisses Délégués des caisses. de secours sont de braves gens, solides et sérieux. Les bavards et les brouillons, qui sont à la tête de toutes les grèves, font bien rarement partie de ces conseils. Ceux-là sont les véritables délégués mineurs, qui fonctionnent naturellement et sans l'appareil législatif. Ils sont les porte-parole naturels de leurs camarades auprès de leurs chefs ; et quand ceux-ci sont de bons administrateurs, ils ne manquent pas d'utiliser ce canal pour se tenir au courant des desiderata ou des plaintes de leurs ouvriers, de manière à prévenir leurs revendications et à y satisfaire avant qu'elles se manifestent sous des formes bruyantes ou dangereuses.

Lorsqu'un conflit éclate et que l'administration intervient, c'est auprès de ces braves gens que les préfets devraient se renseigner et non pas auprès des turbulents qui se prétendent les délégués de leurs camarades et qui n'ont en réalité d'autorité que celle qu'on veut bien leur conférer en traitant avec eux de puissance à puissance.

Voilà donc les ouvriers mineurs à l'abri du risque de maladie et Caisses de retraites. du risque d'accident.

Reste le risque de la vieillesse. Les Compagnies houillères françaises y ont pourvu. Presque toutes procurent aux vieux ouvriers une pension de retraite, quand ils sont arrivés à un âge qui varie entre 45 et 55 ans, après un temps de service déterminé.

Il y a une très grande diversité dans les âges de la retraite, et dans le taux de la pension. Cette diversité répond d'ailleurs à la nature des choses, c'est-à-dire aux conditions variables de la population ouvrière, au prix de la vie dans la région, etc.

Tantôt la caisse de retraites et la caisse de secours n'en font qu'une seule et sont alimentées par les mêmes fonds. C'est une mauvaise chose. Car ce sont deux services essentiellement distincts : une caisse de retraites bien administrée comporte la constitution d'un capital considérable (fonds d'assurances) et quand les ouvriers qui administrent la caisse sont en présence de ces grosses réserves, ils sont toujours tentés de se montrer trop larges dans la distribution des secours. Tantôt les compagnies ont créé une caisse spéciale administrée par elles. Mais il y a un inconvénient commun à tous ces systèmes : c'est que l'ouvrier quittant la Compagnie avant l'accomplissement de ses années de service et avant l'âge réglementaire perd ses droits à la retraite. En outre, la Compagnie elle-même hésite, car en France on a de ces scrupules qui n'ont guère cours à l'étranger, à renvoyer un ouvrier qui ne lui rend plus de services, quand celui-ci est près de l'âge de la retraite. Elle le garde et c'est une inutilité qu'elle paie.

Livret individuel. Cet inconvénient est évité par la création du livret individuel, appliqué à la Compagnie d'Anzin sous l'impulsion et l'inspiration de M. le sénateur Cuvinot.

La Compagnie fait sur les salaires une retenue de 1.1/2 0/0 et fournit une somme égale. Les sommes mensuelles sont versées à la caisse nationale des retraites sur la vieillesse et inscrites sur un livret qui porte le nom de l'ouvrier, en même temps que l'augmentation correspondante de la somme acquise par les versements antérieurs et payable sous forme de pension viagère, quand il aura atteint un âge déterminé. La moitié de cette pension est réversible sur la tête de sa femme, s'il meurt avant elle.

L'ouvrier qui quitte la compagnie emporte son livret et rien ne l'empêche, s'il va travailler ailleurs, de continuer les versements à la caisse des retraites.

En outre, pour attacher ses ouvriers, la Compagnie d'Anzin assure à ceux qui l'ont servie un certain nombre d'années une augmentation de pension, dite majoration, pour longs services, et qui est pour l'ouvrier célibataire de 3 francs, pour l'ouvrier marié de 6 francs par année de service comptée à partir de l'époque où il a rempli la double condition d'avoir 35 ans d'âge et dix ans de service.

La retraite atteint ainsi 360 francs par an à 50 ans et 500 francs par an à 55 ans.

Intervention législative. Cette solution me paraît la meilleure; mais, si j'admets à la rigueur l'obligation légale du livret individuel, je crois qu'il serait fâcheux d'y joindre l'obligation du versement à la Caisse nationale des retraites.

L'État n'a déjà que trop de tendances à absorber les capitaux privés par la Caisse d'épargne, la Caisse des dépôts et consignations etc., et il est préférable, à mon avis, de laisser les exploitants libres de s'adresser à des compagnies d'assurances offrant des garanties suffisantes.

D'ailleurs, j'admets parfaitement que l'intervention législative puisse utilement se produire, non pas spécialement pour les mines, car pourquoi une législation spéciale sur les caisses de secours et de retraites fondées par cette industrie? mais d'une manière générale, pour obliger toutes les caisses de secours et de retraites, quelles qu'elles soient, à constituer des fonds suffisants assurant le service des pensions dues aux ouvriers blessés ou retraités, et à employer ces fonds soit en placements déterminés et inaliénables, comme pour les biens dotaux, par exemple, soit en versements à des compagnies d'assurance, surveillées par l'État et responsables du service des pensions. Un exemple récent et célèbre, celui de la Compagnie de Terrenoire, La Voulte et Bessèges, a montré le danger qu'il y avait à laisser des compagnies assumer le service de certaines pensions sans constituer en même temps un fonds correspondant, inaliénable et soustrait ainsi aux aventures industrielles.

Dans ces limites, je crois que l'action législative peut utilement s'exercer. Mais, je le répète, il n'y a aucune raison pour faire sortir les mines du droit commun et pour légiférer spécialement sur elles. Une loi sur la matière doit être une loi générale, visant toutes les industries qui assurent des pensions à leurs ouvriers blessés ou retraités.

Je reprends l'énumération des avantages spéciaux accordés aux mineurs français.

La plupart des compagnies accordent des secours aux familles des réservistes et des territoriaux, pendant les périodes d'exercice. *Réservistes et territoriaux.*

La plupart d'entre elles donnent gratuitement le chauffage aux ouvriers. Quelques-unes le livrent à prix réduit. *Chauffage.*

Afin de fournir aux ouvriers des denrées de bonne qualité et de *Magasins.*

maintenir les prix à un taux raisonnable, beaucoup de Compagnies ont fondé des magasins ou des sociétés coopératives.

Dans le premier système, celui des magasins, les denrées sont vendues aux prix du commerce, et le bénéfice réalisé est employé en œuvres de bienfaisance, ou versé à la caisse de secours. Le deuxième système a l'avantage de fonctionner indépendamment de la Compagnie et de réserver les bénéfices aux consommateurs eux-mêmes.

Montant des libéralités des Compagnies.

Tel est l'ensemble des institutions patronales de l'industrie des mines, et elle peut à bon droit s'en montrer fière.

En 1888, par exemple, la Compagnie d'Anzin a distribué à ses ouvriers, en sus des salaires, en loyers, pensions, secours, service de santé, chauffage gratuit, etc., une somme totale de 1,567,757 fr. 22 c., soit à très peu près la moitié de la somme totale attribuée comme dividende à ses associés (exactement 47 0/0).

Cette charge volontaire est de 0 fr. 604 par tonne, de 136 fr. 04 par ouvrier ou de 12,2 0/0 du salaire moyen.

Voici d'ailleurs, pour cette même année 1888, les libéralités de quelques-unes des principales houillères françaises (1) :

Courrières. 368,394 f. soit 104 f. » par ouvrier 9 0/0 du salaire annuel.
Douchy . . 211,352 f. — 155 f. » — 13 0/0 — —
Liévin . . 341,720 f. — 155 f. 54 par ouvrier 15 0/0 du salaire 70 0/0 du dividende .
Béthune. . 500,000 f. — 163 f. » — 16 0/0 — 44 0/0 —
Nœux . . 595,520 f. — 145 f. 78 — ? — ? —
En 1885, *Lens* . . . 821.000 f. — 155 f. » — 150/0 — 30 0/0 —
En 1883, *Blanzy* . . 1,052,730 fr. pour 5,308 ouvriers employés, soit 198 fr. 33 par ouvrier et 1 fr. 15 par tonne, 50 0/0 des dividendes distribués.
Bessèges . 345,736 fr. soit 148 fr. 87 par ouvrier, 10,92 0/0 du salaire, 58 0/0 du dividende.

Dans la Loire, les chiffres sont moins élevés, bien qu'encore fort honorables, mais les salaires directs sont très considérables.

Montrambert, en 1888, a distribué 208,000 francs, soit 95 francs par ouvrier ou 8 0/0 du salaire.

---

(1) Voir annexe n° 1.

Roche-la-Molière et Firminy, 224,146 francs entre 2,691 ouvriers, soit 83 francs par ouvrier, ou 7 0/0 du salaire.

En 1886, au moment de la grève, la Compagnie de Decazeville distribuait 205 francs par tête et par an, soit 15 à 20 0/0 du salaire, alors qu'elle ne donnait presque aucun dividende à ses actionnaires. (Enquête administrative de 1886.)

J'aurais encore à citer Commentry, la Grand'Combe et tant d'autres. Je m'arrête dans cette énumération.

J'ai deux remarques à faire à ce propos :

la première que, quand on compare les salaires des ouvriers mineurs français avec ceux des autres industries ou des pays voisins, il faut tenir compte de cette majoration qui varie de 8 à 15 0/0 du montant net des salaires touchés par l'ouvrier;

la seconde, c'est que c'est là une manière indirecte, mais singulièrement efficace et, à mon avis, la seule pratique dans d'aussi vastes industries, de faire participer les ouvriers aux bénéfices.

Toutes les Compagnies ne sont pas aussi larges que celles du Nord de la France, de Bessèges ou de Blanzy. Beaucoup d'ailleurs ne sont pas assez prospères pour consentir de pareils sacrifices. Mais toutes en font, les unes plus, les autres moins, et il est permis de dire qu'il n'y a pas en France, ni ailleurs, une grande industrie qui montre plus de sollicitude pour ses ouvriers et qui les aide plus généreusement dans tout le cours de leur existence, depuis l'enfance jusqu'à la mort.

Un autre avantage très considérable que le mineur français est seul à posséder, c'est l'absence de chômage et la stabilité des salaires, ou plutôt leur progression constante, sans retour brusque en arrière, même dans les années de crise, comme celles que nous venons de traverser.

En France, quand le charbon se vend mal, que la réduction de la production s'impose, l'exploitant ne renvoie pas les ouvriers qu'il a en trop.

Grâce aux réserves considérables accumulées avec sagesse et prudence pendant les années de prospérité, il occupe les ouvriers en excédent à des travaux d'avenir improductifs.

Il ne profite pas, comme les Belges, les Allemands ou les Anglais, de ces périodes de crise pour réduire les salaires. Ceux-ci restent presque sans changement.

Rien n'est plus instructif, à ce point de vue, que le tableau suivant qui donne les salaires moyens des ouvriers d'un certain nombre de mines françaises, depuis 1867.

Je rappelle que les années 1872, 1873 et 1874 ont été des années exceptionnellement prospères pour l'industrie de la houille, que les années 1875 à 1880 ont été passables ou médiocres, et que les années 1881 à 1888 ont été marquées par une crise intense.

Salaires journaliers moyens des ouvriers mineurs.

ANNÉES	ANZIN			MONTRAMBERT			GRAND' COMBE —	AUBIN —
	Mineurs proprem¹ dits	Ouvriers du fond	Fond et jour (ensemble)	Mineurs proprem¹ dits	Ouvriers du fond	Fond et jour (ensemble)	Fond et jour (ensemble)	Fond et jour (ensemble)
1867	3f,69	3f,05	3f,02	»	»	»	2f,75	»
1872	4,15	3,30	3,22	4f,88	4f,28	3f,87	3,46	»
1873	4,79	3,71	3,62	5,13	4,55	4,14	4,32	3f,67
1874	4,65	3,68	3,58	5,23	4,62	4,16	4,20	3,62
1877	4,26	3,64	3,44	5,23	4,72	4,23	4,12	3,72
1880	4,23	3,49	3,42	5,42	4,74	4,22	4,23	4,00
1883	4,52	3,77	3,66	5,41	4,74	4,29	4,24	3,90
1886	4,37	3,92	3,76	5,50	4,80	4,35	4,35	4,00
1888	4,40	3,97	3,82[1]	5,51	4,80	4,30[2]	4,45	3,90

A Montrambert et à Aubin, les salaires suivent une progression constante. A Anzin et à la Grand'Combe, il y a une légère baisse après l'explosion de 1873, mais elle est regagnée promptement.

(1) **Plus 50 centimes** environ de libéralités.
(2) **Plus 32 centimes** de libéralités.

Les mines choisies comme exemple sont situées dans les quatre principaux bassins français. Il convient de remarquer que les salaires sont un peu plus élevés dans les mines du Pas-de-Calais que dans celles d'Anzin. Dans le bassin de la Loire, ils sont en général un peu au-dessous de ceux de Montrambert.

Le nombre annuel moyen des journées de travail varie de 290 à 300. On peut prendre 295, comme un chiffre qui s'éloigne peu de la vérité.

En multipliant les chiffres du tableau ci-dessus par 295, on aura le gain annuel d'un ouvrier des mines dans les principaux bassins français.

Si l'on considère, en outre, qu'il y a en moyenne par famille 1,70 ouvriers occupés, on voit que les ressources annuelles d'une famille de mineurs s'élevaient en 1888, à Anzin par exemple, à : $3,82 \times 1,70 \times 295$, soit à 1,916 francs (1).

Cette famille est en outre logée presque pour rien dans une habitation large et salubre ; elle est chauffée gratuitement, soignée et secourue en cas de maladie ou d'accident; elle peut se procurer des denrées à bon compte à la société coopérative.

L'ensemble de ces salaires indirects représente environ 250 francs par an pour la famille, ce qui porte son budget annuel à 2,166 francs environ.

Que l'on compare cette situation à celle de la plupart des ouvriers de fabrique et des ouvriers des grandes villes, voire même à celle de beaucoup d'employés, et l'on reconnaîtra que la condition de l'ouvrier mineur français est bien supérieure.

La permanence des salaires et l'absence de chômage constituent pour l'ouvrier des avantages dont on comprend mieux la valeur, quand on voit les conséquences qu'amènent les procédés inverses. Dans les pays voisins, les salaires montent, pendant certaines périodes, du simple au double, pour retomber ensuite.

---

(1) A la fin de 1889, les salaires ont subi dans le Nord et le Pas-de-Calais une hausse de 10 0/0. Ce chiffre devient donc 2,107 francs.

En bon temps, *in good time*, comme disent les Anglais, l'ouvrier s'habitue à une aisance relative, à une vie plus large; quand les salaires baissent, il ne diminue pas son train de vie, s'endette et devient la proie des petits marchands et des petits usuriers de village. De là des misères terribles : c'est à cette cause que tous les documents belges attribuent l'explosion et la grève presque insurectionnelle de Charleroi en 1886.

Belgique.   En Belgique, en effet, les prix de toutes les marchandises sont bien plus sujets aux variations commerciales qu'en France, parce que le pays n'a qu'un marché intérieur des plus restreints et que son industrie vit surtout d'exportation.

Dans les mines belges les institutions patronales se rapprochent de ce qu'elles sont en France, mais, sauf de très honorables exceptions (1), elles sont loin pourtant d'y être aussi développées. Ainsi on commence seulement à fonder des caisses de retraites; les secours, en cas de maladie sont moins élevés que chez nous, et sont le plus souvent fournis par des caisses provinciales ; enfin les centres de population étant plus nombreux et plus rapprochés, il y a beaucoup moins de maisons ouvrières.

Les liens patronaux y sont moins serrés qu'en France.

Pour toutes ces raisons, les exploitants belges ne se font pas faute de réduire les salaires, quand les prix de vente diminuent.

Voici les variations des salaires des ouvriers employés dans les mines belges, depuis 1867 :

Salaire annuel moyen :
(Fond et Jour)

1867 . . . . Fr.	888
1869	830
1872	1.047
1873	1.353
1874	1.184

---

(1) Parmi lesquelles au premier rang, il faut citer les Sociétés de Mariemont et Bascoup.

1877   835
1880   920
1883 . . . . 1.006
1886   783
1887   815

Si on tient compte des salaires de 1 fr. 70, 1 fr. 45 et 1 fr. 25 des femmes, garçons et filles (car celles-ci sont encore employées dans les mines en Belgique), on voit que le salaire moyen du mineur belge est tombé en 1886 au chiffre de 3 fr. 25, chiffre extraordinairement bas.

Le salaire avait donc diminué de près de moitié en quelques années.

« L'influence des hauts salaires de 1872, 1873, 1874, dit une note de l'Association charbonnière de Charleroi et de la basse Sambre, avait été pernicieuse pour l'ouvrier. Gagnant aisément alors de fortes journées, lui et les siens, il avait fini par désapprendre à compter et par croire que la source de cette dangereuse prospérité ne tarirait jamais. Ses habitudes avaient changé ; ses dépenses et celles de sa famille s'étaient accrues dans de regrettables proportions, et beaucoup avaient fini par contracter des dettes.

» Le terrain était donc admirablement préparé. La politique s'est emparée en 1885 de la question ouvrière. Elle a créé à Bruxelles le parti « dit ouvrier » qui remplace l'Internationale, et, par des journaux et des meetings aussi violents les uns que les autres, elle a cherché à soulever les travailleurs dans nos bassins houillers, etc., etc. »

En mars 1886, les ouvriers se soulevèrent et se livrèrent à des excès inouïs, dont personne n'a perdu la mémoire.

Le calme n'est pas rentré dans les esprits et tout récemment encore, les grèves se sont promenées par tout le bassin belge. Vous voyez, messieurs, que la situation des ouvriers mineurs belges est des plus troublées. Ce n'est donc pas de ce côté que nous devons chercher nos modèles.

Voyons si l'ouvrier allemand est plus heureux.

Tout d'abord je laisserai de côté l'ouvrier des mines métalliques. Allemagne.

Celles-ci sont exploitées depuis des centaines d'années, elles appartiennent presque toutes à l'État. Les ouvriers y jouissent d'avantages résultant d'une tradition séculaire, et leur condition y est aussi bonne que n'importe où ailleurs. Je vise les houillères et spécialement les plus importantes de toutes : celles de Sarrebruck (qui sont domaniales) et celles de Westphalie, exploitées sous le régime des concessions.

Là, les institutions patronales font défaut presque partout.

Vous savez tous, messieurs, que le gouvernement y a pourvu et qu'il a pratiqué en grand ce qu'on a appelé le socialisme d'État.

Ces lois sociales n'ont d'ailleurs pas visé les mines en particulier. Elles s'appliquent à toutes les industries qui sont divisées par catégories suivant les risques qu'elles présentent.

Les renseignements qui vont suivre ont été tirés des excellents Mémoires publiés sur ces questions par M. E. Grüner, qui en a fait sur place une étude spéciale, et des publications du Comité central des houillères de France.

Lois sociales. — Il y a trois lois principales réglant ces questions d'assurances.

1° Une loi d'assurances contre les maladies, du 15 juin 1883.

En vertu de cette loi, il est prélevé annuellement pour les caisses de mines une cotisation qui pourra varier de 3 à 4 1/2 0/0 du gain et qui est payée, un tiers par le patron et deux tiers par l'ouvrier.

Par conséquent,

La part du patron variera de 1 à 1 1/2 0/0 du salaire.

La part de l'ouvrier sera comprise entre 2 et 3 0/0 du salaire.

Cette loi est appliquée intégralement depuis le 1er décembre 1884.

2° Une loi d'assurances contre les accidents (6 juillet 1884). En vertu de cette loi, le Trésor paie les secours et pensions au fur et à mesure qu'ils sont créés et fait l'avance des sommes nécessaires; puis en fin d'année, les dépenses de secours, frais d'administration, augmentés d'un tant pour cent pour le fonds de réserve, sont totalisés par corporation. Dans chaque corporation, les sommes sont réparties entre chaque patron proportionnellement au total des salaires payés par lui dans l'année et au coefficient de risques qui lui a été attribué.

Il résulte de ce calcul une somme variable chaque année, qui est réclamée dans le cours de l'année suivante à chaque patron et perçue administrativement comme un impôt.

Comme, dans le système adopté, on se contente de répartir chaque annéc les annuités payées sur pensions créées, et non le capital nécessaire au service de ces pensions pendant leur durée probable, il en résulte que la somme à répartir croît d'année en année et croîtra au moins pendant cinquante ans.

D'après les calculs administratifs, les charges définitives seront trois foisi trois fois et demie les charges de la troisième année. Certaines personnes pensent que la charge sera quintuplée.

En 1886, la dépense totale, pour la corporation des mines, s'est élevée à 8 fr. 12 c. par ouvrier assuré, soit 0,82 0/0 du salaire.

En 1887, elle a été de 14 fr. 04 c., soit 1,55 0/0 du salaire.

En 1888, elle a été pour les houillères de Westphalie de 2,117 0/0 du salaire.

Ces charges sont entièrement payées par le patron. Mais leur paiement exonère ce dernier de toute responsabilité pour les accidents survenus chez lui.

3° La loi d'assurances contre la vieillesse (22 juin 1889) n'entrera en vigueur que le 1er janvier 1891.

Elle classe les salaires en quatre catégories et assigne une cotisation fixe pour chaque catégorie, cotisation qui est payée par moitié par le patron et par l'ouvrier.

Par leur salaire, les mineurs se trouvent en moyenne dans la troisième catégorie, qui paie une cotisation de 24 pfennigs par semaine. En moyenne donc, l'application de la loi d'assurances contre la vieillesse imposera une charge égale à 1.60 à 1.80 0/0 du salaire des ouvriers mineurs, et elle sera supportée moitié par eux, moitié par le patron.

Pour toute pension créée, quelle qu'en soit la valeur, l'État ajoutera annuellement une somme constante de 50 marks (62 fr. 50 c.).

La pension de vieillesse n'est acquise qu'à 70 ans, et elle est au maximum de 238 fr. 75 c.

La pension d'invalidité sera de 170 à 348 francs, suivant la classe des ouvriers.

« Ces lois, dit M. Grüner, ont été acceptées assez volontiers par les patrons de la grande et de la moyenne industrie, qu'elles déchargent de toute responsabilité et de tout devoir envers leurs ouvriers, et qui ne voient pas quelle charge écrasante elles leur imposeront dans quelques années. Elles ont suscité des plaintes nombreuses et très vives de la part des petits patrons et surtout des ouvriers, qui les trouvent absolument insuffisantes.

« Elles sont d'ailleurs une déception pour eux en *Alsace et dans quelques régions de l'Allemagne du Sud* où les industriels avaient tenu à honneur de remplir leurs devoirs de patronat. De par la loi, ils donnent beaucoup moins à leurs ouvriers qu'ils ne leur donnaient auparavant. »

C'est ce qui arriverait nécessairement en France, où les mines prospères font participer leurs ouvriers à leurs bénéfices dans une large proportion et leur donnent beaucoup plus que la loi faite pour tous ne pourrait leur attribuer, sans imposer aux entreprises moins florissantes une charge écrasante.

Il y a deux éléments importants, dont on n'avait pas tenu compte dans les calculs des charges résultant de ces différentes lois et qui sont venus les aggraver dans des proportions absolument imprévues.

Ce sont, d'une part, les simulations et, d'autre part, les frais d'administration.

Voici ce que disait des simulations le rapport de la Knappschaft de Saarbrück pour 1887 (cette association comprenait alors 25,460 membres participants) :

« Nous devons attirer particulièrement l'attention sur l'accroisse-
» ment qu'a subi, cette année encore, le nombre des journées de
» traitement, surtout parce que cet accroissement est exclusivement
» dû aux blessés.

» Maintenant la moindre blessure est un prétexte pour cesser le

» travail et pour profiter du tarif élevé fixé par la loi pour les
» journées de maladie. Le nombre est malheureusement considé-
» rable de ceux qui n'ont qu'un but : prolonger la durée du trai-
» tement.

» La statistique ne confirme que trop ces faits.

» Depuis la mise en vigueur de la loi, il ne s'est produit aucun
» accident grave qui puisse justifier un accroissement, et pourtant
» la proportion relative des journées de traitement des blessés, par
» rapport aux journées de traitement des malades, ne cesse de
» croître. Dans toutes les années précédentes et jusqu'en 1885,
» les journées de traitement des blessés n'avaient jamais dépassé
» 38.9 0/0 du nombre total des journées de traitement pour bles-
» sures ou maladies ordinaires : elles sont montées à 42.7 0/0 en
» 1886 et à 47,1 0/0 en 1887. Malgré tous les efforts, la simula-
» tion triomphe. »

Quant aux frais d'administration, ils sont étonnants.

Pour le service des caisses de maladie, ils s'élèvent pour tout
l'empire à 9.64 0/0 de la dépense totale.

Ainsi, en 1886, on a dépensé 58,745,488 marks pour 4,570,087 personnes assurées, et les frais d'administration ont été en chiffres
ronds de 5,800,000 marks.

Pour les caisses de corporations, ces frais d'administration ont
atteint 16.05 0/0 de la dépense totale.

Pour le service des caisses d'accidents, dans tout l'empire :

Les indemnités payées ont été	en 1886 de M.	1.711.700	et en 1887 de M.	5.373.496
Les frais ont été :				
Administration courante	en 1886 de M.	2.324.294	et en 1887 de M.	2.897.166
Pour les enquêtes et justice arbi- trale.	—	277.247	—	725.619
Pour premier établissement. . .	—	590.133	—	225.674
Total des frais. . . .	en 1886 : M.	3.191.674	et en 1887 : M.	3.848.459

soit en 1886, 186 0/0 du montant des indemnités payées, et en
1887, 71 0/0.

Ces chiffres sont instructifs et il convient de les rapprocher de
ce que nous coûte en France l'administration de nos caisses de

secours et des sociétés de secours mutuels, lesquels sont presque nuls.

Ainsi les cinq sociétés de secours mutuels d'Anzin, exclusivement entretenues et gérées par les ouvriers, ont coûté en 1889 1,824 fr. 80 c. de frais de gestion pour 96,054 fr. 25 c. distribués, soit 1,9 0/0.

Il semble qu'il y a en Allemagne beaucoup d'argent dépensé en pure perte, pour faire fonctionner cet immense attirail.

L'état actuel des esprits parmi les populations ouvrières de l'Allemagne montre que les lois sociales n'ont pas amené l'apaisement que leurs auteurs avaient espéré réaliser.

Quant à la condition spéciale des mineurs de Westphalie, voici comment elle a été appréciée dans un rapport tout à fait privé, rédigé, il y a quelques années, par un de nos directeurs de mines les plus distingués, à la suite d'un voyage dans ce pays :

« Comme organisation du travail dans la mine, celle que nous » possédons nous paraît supérieure à l'organisation allemande.

» Si les salaires des ouvriers de Westphalie sont peu inférieurs » aux salaires des ouvriers du Nord de la France (1), il faut dire » en outre qu'ils n'ont aucun des avantages accordés généralement » dans les bassins français.

» Les ouvriers allemands ne sont ni logés, ni chauffés. Les » exploitants se placent uniquement au point de vue industriel et

---

(1) Le salaire annuel est en effet peu inférieur à celui du Nord de la France ; mais le salaire par poste est notablement plus bas, comme le montrent les chiffres officiels suivants :

Années.	Gain annuel moyen (francs)	Gain par poste (francs)	Nombre des postes par an
1880.	997	3.02	330
1883.	1.131	3.40	332
1886.	1.051	3.22	326
1887.	1.104	3.21	344
1888.	1.170	3.70	316
Les trois premiers trimestres de 1889.	846	3.71	228

Le chiffre élevé du salaire annuel n'est donc obtenu que par un beaucoup plus grand nombre de jours de travail que dans le Nord, ce qui suppose l'emploi permanent des *longues coupes*.

» ne se laissent pas aller à notre courant d'idées philanthropiques,
» qui sont souvent fort mal appréciées par les ouvriers.

» La loi qui interdit de laisser descendre dans la mine des enfants
» au-dessous de seize ans est très favorable au point de vue du prix
» de revient (1). La loi sur les retraites est également favorable aux
» exploitants. Ceux-ci n'emploient les ouvriers que suivant les besoins
» du travail. Ils les congédient ou les occupent suivant qu'il y a
» excès de production ou que l'écoulement des produits est assuré.

» On ne trouve, dans les mines allemandes, ni enfants, ni vieil-
» lards, mais uniquement des ouvriers pouvant donner un bon
» rendement. »

Je n'ajouterai rien à ce tableau qui précise admirablement la
situation. C'est le combat pour la vie : tant pis pour les faibles,
pour les enfants, pour les vieillards, tant pis pour l'homme inutile
qu'on renvoie, quand le travail se ralentit.

Le patron et l'ouvrier sont deux étrangers : l'un achète le travail
que l'autre lui vend. Ils sont quittes de par la loi humaine quand,
au bout de chaque quinzaine, le premier a payé au second son salaire.

Telle est la situation des mineurs allemands, et je ne pense pas
qu'elle ait chance d'être beaucoup modifiée à la suite du congrès
auquel l'empereur Guillaume II vient de convier quatre des grandes
nations industrielles de l'Europe à s'associer.

Les éléments de la production, les conditions matérielles et morales
des ouvriers sont trop différentes dans les divers pays pour qu'une
entente puisse s'établir sur une réglementation uniforme (2).

J'ajouterai que j'ai le ferme espoir que cette entente ne s'établira
pas, que la France restera fidèle à ses traditions libérales et ne

---

(1) Mais très dure pour l'ouvrier, qu'elle prive du produit du travail de ses enfants et très
fâcheuse au point de vue du recrutement des mineurs. En France, où la main-d'œuvre est
rare et le recrutement difficile, une disposition de ce genre serait fatale à l'industrie minière.

(2) Cette question a été traitée avec une haute compétence par mon camarade et ami
Cheysson dans son Rapport sur la législation internationale du Travail lu au Congrès
international du commerce et de l'industrie. J'y renvoie les personnes que la question
intéresse plus particulièrement.

versera pas dans l'ornière autoritaire où l'Allemagne la convie à venir lui tenir compagnie.

Ce n'est pas dans ces lois restrictives de la liberté humaine que l'on doit chercher la solution du problème social.

Il y a, d'ailleurs, un soulagement immédiat à donner aux misères sous lesquelles crient les nations européennes, et il dépend de l'Allemagne de nous le procurer.

C'est de rendre à l'atelier, au champ et au travail productif les quatre millions d'hommes que, depuis la conquête de l'Alsace et de la Lorraine, l'Europe est obligée de maintenir sous les armes, et de faire faire aux peuples l'économie des cinq ou six milliards que leur coûtent annuellement des armements insensés.

Angleterre.

Transportons-nous maintenant en Angleterre.

Nous y trouverons les mêmes errements qu'en Allemagne, avec le socialisme d'État en moins et la liberté en plus.

Conformément au tempérament de la nation qui devait formuler la première la théorie du *struggle for life*, ni l'État ni le patron ne s'occupent du bien-être physique ou moral de l'ouvrier; la maxime est que chacun doit pourvoir à ses propres intérêts.

Quand l'âge, les infirmités ou un accident rendent l'ouvrier incapable de gagner sa vie, la *poor law* et la taxe des pauvres sont là pour y pourvoir.

On ne rencontre que très rarement en Angleterre des institutions patronales.

Dans certains districts, les mineurs ont fondé des associations de prévoyance, mais limitées aux secours en cas d'accidents ayant amené soit la mort, soit une incapacité permanente de travail. Les secours, dans ce dernier cas, ne sont accordés que six mois après l'accident; ils sont alors de 5 fr. 80 c. par semaine.

Telle est la *Société de secours permanents du Northumberland et du Durham*, qui comptait, en 1886, 88,326 membres.

A côté de ces rares institutions de prévoyance se trouvent les associations de combat, les Unions qui ont enrégimenté une grande partie des mineurs et fini par imposer leurs lois aux exploitants.

Je reviendrai tout à l'heure sur les Unions quand je parlerai de l'établissement des salaires. Ce que je puis dire dès maintenant, c'est que, sauf dans le pays de Galles où un *modus vivendi* stable paraît établi depuis une dizaine d'années, les grèves sont fréquentes dans les autres districts.

D'ailleurs, comme vous le verrez tout à l'heure, au fur et à mesure que, grâce aux Unions, les ouvriers faisaient monter le prix qui leur est payé par tonne, ils diminuaient en même temps leur production individuelle, de telle sorte que finalement la somme totale qu'ils reçoivent par semaine n'augmente pas beaucoup et que leur situation matérielle n'en est pas améliorée.

L'effort aboutit surtout à moins travailler.

Voici, du reste, l'impression que l'ingénieur en chef de Blanzy, M. Mathet, a rapportée d'un voyage aux mines anglaises, et qu'il a consignée à la fin d'un très intéressant Mémoire publié en 1884 dans le *Bulletin de la Société de l'Industrie minérale*, mémoire consacré presque entièrement aux études techniques.

» Mais si le tableau qui précède (celui des richesses des mines
» anglaises et de leur facilité d'exploitation) est alléchant et peut à
» juste titre exciter l'envie de l'ingénieur français, il n'en est plus
» de même sous le rapport du bien-être de l'ouvrier et des institu-
» tions établies par les compagnies en sa faveur.

» Ici, la comparaison est toute à l'avantage des mines françaises
» et l'on est péniblement affecté de l'état misérable dans lequel se
» trouvent les quelques rares habitations créées pour l'ouvrier, quand
» exceptionnellement elles existent. Point d'école, point d'hôpital,
» point d'église, point de magasin de subsistances, des espèces de
» masures à un rez-de-chaussée, sans jardin ni culture et c'est tout.

» Cet état de choses, conséquence du mode de concession des
» mines anglaises èt de leur peu d'étendue (1), place les mineurs
» anglais, au point de vue moral et matériel, bien au-dessous du
» mineur français.

---

(1) Il faut tenir compte aussi du tempérament anglais et de bien d'autres éléments.

» Le premier n'est qu'un ouvrier spécial qui, en dehors de son
» salaire, certainement plus élevé de 25 à 30 0/0 que celui des
» mineurs du continent, n'a rien à attendre de l'exploitant qui
» l'occupe.

» Nous devons ajouter que dans quelques nouvelles exploitations
» un peu éloignées des centres, à Harris (South Wales) par exem-
» ple, les propriétaires semblent s'être préoccupés davantage du
» bien-être de leurs ouvriers. Ils ont fait établir des bâtiments très
» confortables, à un étage, rappelant les cités presque luxueuses
» des exploitations belges de Mariemont. Mais ces établissements
» ne sont encore que de rares exceptions.

» En réalité, si le système anglais, qui a pour principe de laisser
» à l'ouvrier toute son initiative au point de vue de ses intérêts
» privés, présente de sérieux inconvénients, il a pour l'exploitant
» l'immense avantage de lui ôter l'obligation de consacrer d'énor-
» mes capitaux à la création des cités ouvrières, des écoles, des
» hôpitaux, des églises et des magasins de subsistances. »

Et l'ingénieur en chef de Blanzy ajoute cette phrase découragée :

« Et en présence de l'état moral de la classe ouvrière dans les
» deux pays, on se demande si l'exploitant anglais n'a pas pris la
» meilleure solution. »

Vous avez certainement remarqué cette même note attristée à la
fin du jugement porté par un autre ingénieur français sur la situation des ouvriers de Westphalie et que je viens de vous lire.

On conçoit, en effet, le découragement qui saisit nos chefs
d'industrie quand ils voient leurs meilleures intentions et leurs
sacrifices si mal appréciés, souvent même dénaturés, non seulement
par les ouvriers parfois inconscients et ignorants, mais même
aussi par des personnes éclairées qui, par situation même, doivent
être renseignées et qui le sont, mais qu'aveuglent les passions
de parti.

Je viens de tracer un tableau que j'ai tâché de rendre aussi
exact que possible, malgré la brièveté que m'impose le cadre de ces
conférences, de la condition des mineurs en France et dans les

trois pays voisins. Il en sortira, je l'espère, cette impression que nos ouvriers sont beaucoup mieux partagés que leurs confrères belges, allemands ou anglais, et qu'ils n'auraient rien à gagner, au contraire, à échanger leur sort contre le leur.

Pour compléter cette description, il me reste à traiter une question extrêmement importante, celle des salaires, de leur établissement et de leur répartition. *Établissement des salaires.*

C'est de l'établissement plus ou moins rationnel des salaires que dépendent et le rendement de l'ouvrier et les bons rapports entre lui et celui qui l'emploie.

Tout le monde sait qu'il y a trois modes d'établissement des salaires, correspondant à trois régimes différents du travail :

       le travail à la journée ;

       le travail à la tâche ;

       le travail à l'entreprise.

Avec le premier système, l'ouvrier vend au patron, moyennant un prix fixé d'avance, une journée de travail d'une durée déterminée. *Travail à la journée.*

Dans les mines ce système ne s'applique qu'à un nombre relativement restreint d'ouvriers, soit à ceux dont le travail est trop irrégulier pour faire l'objet d'un prix fait, comme l'entretien de certaines galeries, soit à ceux qui, ne prêtant que leur force musculaire, ont à exécuter un travail dont il ne dépend pas d'eux de modifier l'importance, par exemple certains roulages, la conduite des chevaux, l'encagement en bas et le décagement au jour des wagons, le triage et le chargement des charbons au jour. Enfin ce mode de rémunération est appliqué encore à certains travaux difficiles ou dangereux, exigeant des précautions spéciales et dont on charge des hommes de confiance.

Le système du travail à la journée a le grave inconvénient de pousser à la négligence et à la paresse, puisque l'ouvrier reçoit le même salaire, qu'il travaille bien ou mal, beaucoup ou peu. Il exige une surveillance très attentive. On doit en réduire l'application autant que possible.

Le second système est celui du travail à la tâche.

Le prix de la journée reste fixe, mais on détermine d'avance la tâche que l'ouvrier devra accomplir dans sa journée pour gagner le salaire journalier convenu. Dans les mines cette tâche est ordinairement comptée, soit par un nombre déterminé de wagonnets, soit par un poids donné de charbon à abattre par jour. En France on compte par wagonnets, en Angleterre par tonnes. En principe, ce nombre varie d'un chantier à l'autre, suivant les difficultés plus ou moins grandes d'abatage et de soutènement, suivant la nature et la composition de la veine, etc... En fait, le système s'applique surtout dans des mines où les couches sont régulières et peu accidentées et où le travail varie peu d'un chantier à l'autre, de sorte qu'ordinairement la tâche est sensiblement la même pour toute la mine ou pour tout un quartier de mine.

Ce système facilite beaucoup le service de surveillance et simplifie le règlement des salaires.

Il offre un grave inconvénient, c'est qu'il est basé sur l'égalité des salaires. Théoriquement en effet, l'ouvrier qui a achevé sa tâche, pourrait continuer à travailler, et le charbon qu'il produirait alors lui serait payé en sus de la journée tarifée. Pratiquement l'opinion publique, la pression de ses camarades l'en empêchent et il sort du chantier dès qu'il a terminé sa tâche.

Or, la tâche étant nécessairement calculée sur le produit moyen des ouvriers, il en résulte que ceux qui sont laborieux, vigoureux, habiles, ne gagnent pas de meilleures journées que les paresseux, les faibles et les maladroits. Donc diminution du rendement et mécontentement inconscient de l'ouvrier qui se trouve mal rémunéré : le mauvais ouvrier, parce qu'il trouve toujours qu'il a trop à faire, le bon, parce qu'il ne gagne pas autant qu'il le pourrait avec une autre organisation.

En outre, cette égalité des salaires facilite singulièrement les mouvements ouvriers, car tous ont des intérêts identiques et peuvent porter leurs revendications sur ce point unique, l'augmentation du prix de la journée-type.

Dans la Loire, le système de la tâche proprement dite n'existe plus que dans les mines de Rive-de-Gier, mais les habitudes qui en découlent ont tellement pénétré les ouvriers, que même là où ils sont payés à la benne, c'est-à-dire dans le bassin de Saint-Étienne, ils se limitent eux-mêmes au nombre qui leur permet d'atteindre le prix de la journée-type et ils sortent de la mine quand ils l'ont réalisé.

En Angleterre, les ouvriers sont payés à la tonne et l'on voit à l'orifice de chaque puits, en face de la cabine du préposé de la mine, celle du contrôleur, payé par les ouvriers pour vérifier les poids et défendre leurs intérêts.

Le paiement à la tonne suppose que chaque homme peut gagner plus ou moins suivant sa force et son habileté, mais *les ouvriers se limitent eux-mêmes à la production qui correspond au prix de la journée-type.*

Pour être bien certain du fait, j'ai fait demander à deux personnes parfaitement informées et compétentes, habitant l'une le district de Swansea, l'autre le district de Newcastle, des renseignements sur les salaires des ouvriers de ces deux importantes régions.

A ma question : « Si un bon ouvrier peut gagner et, en fait, gagne plus qu'un ouvrier inhabile ou paresseux, » mon correspondant de Swansea, répond :

« Oui, il peut gagner de plus gros salaires, mais, en fait, cela n'a pas lieu comme cela devrait être. Il y a une entente entre les mineurs pour qu'un très bon ouvrier ne gagne pas autant qu'il le pourrait. »

La réponse de Newcastle est plus concise, mais fort catégorique :

« Oui (il peut gagner plus), pourvu que les *Unions* le lui permettent. »

J'arrive ainsi, Messieurs, à ces fameuses Unions qui, après bien des luttes violentes ou pacifiques, ont fini par faire capituler les exploitants et à leur dicter leurs volontés.

Elles embrassent la majorité des ouvriers mineurs et sont représentées dans chaque district par des comités qui discutent les prix avec les propriétaires de mines et généralement leur imposent leurs conditions.

Les ouvriers mineurs ont fait nommer trois présidents ou secrétaires de ces Unions au Parlement. Ce sont, si je ne me trompe, MM. Abraham pour Swansea, Pickard pour le Yorkshire, et Thomas Burt pour le Northumberland. Ces messieurs reçoivent, sur les fonds des Unions, des appointements qui s'élèvent, je crois, à 600 livres sterling par an.

Dans certains districts anglais, l'égalité des salaires pour chaque catégorie d'ouvriers a permis aux Unions d'imposer aux patrons une échelle mobile des salaires, qui varie avec les prix de vente.

Tous les trois mois, un comité mixte *(Joint-Committee)* se réunit ; il détermine le prix de vente moyen du charbon d'après la vente réelle du trimestre et fixe ainsi la taxe qui servira pour les salaires du trimestre suivant. On trouvera aux pièces annexes le règlement, tout récemment modifié (15 janvier 1890), de l'arrangement concernant le South Wales.

Quand le prix moyen du gros criblé rendu à bord à Cardiff, Swansea, Newport et Barry, est de 7 sch. 10 p. 1/2 à 8 schellings, soit 9 fr. 85 c. à 10 francs, les ouvriers sont payés suivant la journée-type (standard) qui correspond à leur catégorie ; ce salaire augmente ou diminue, sans maximum ni minimum, de 1 1/4 0/0 pour chaque penny et demi (0 fr. 15 c.) de hausse ou de baisse, ce qui correspond à 10 0/0 pour un schelling.

Voilà un système bien séduisant ; malheureusement il n'y a là qu'une apparence ; les inconvénients n'ont pas tardé à se montrer et ils sont tels que cette échelle mobile des salaires, après avoir été appliquée dans presque toute l'Angleterre, a été abandonnée dans tous les districts, sauf dans le South Wales, où il paraît fonctionner passablement.

C'est qu'en effet, avec l'échelle mobile, l'ouvrier a un intérêt considérable à faire hausser les prix du charbon, et quel meilleur moyen y a-t-il que de réduire la production ? C'est ce qu'il fait et, au fur et à mesure que les prix s'élèvent, il travaille de moins en moins ; son salaire hebdomadaire n'augmente pas beaucoup, et le seul avantage qu'il retire de la hausse, c'est de travailler beaucoup moins.

Pendant ce temps, le patron perd, parce que les frais constants d'entretien, d'extraction, d'épuisement, les frais généraux, portant sur une moins grande quantité, augmentent.

Supposons, en effet, que le charbon monte à 12 schellings : tous les salaires augmentent de 20 0/0. Le mineur, auquel on payait la tonne de charbon 2 schellings par exemple, reçoit 2 sch. 5 p., soit 50 centimes de plus.

Tous les autres frais de main-d'œuvre (transport, extraction, épuisement, etc.) augmentent aussi de 20 0/0, soit environ 50 centimes.

Mais si le mineur produit 20 0/0 de moins, tous les frais constants, déjà majorés par la hausse, augmentent d'autant. On peut estimer que l'augmentation totale du prix de revient qui résultera :

1° de la hausse des salaires;

2° de la diminution de la production,

atteindra 1 fr. 75 c. à 2 francs, c'est-à-dire presque la hausse du charbon.

Le système de l'échelle mobile a donc pour résultat de surexciter la production quand les affaires vont mal et de la réduire quand le charbon est rare, ce qui va contre la nature des choses.

En outre, s'il est possible d'établir facilement un prix moyen de vente quand il s'agit de charbon qui, comme le Cardiff, se vend presque entièrement à l'exportation, la chose est autrement malaisée quand le marché est à l'intérieur, que les usines consommant le charbon appartiennent au même propriétaire que la houillère, quand enfin le charbon est transformé en coke ou en agglomérés. Et puis, est-il admissible que des concurrents se communiquent leurs marchés et leurs prix ?

Aussi ce système a-t-il été abandonné dans toute l'Angleterre, sauf dans le South-Wales et le Montmouthshire dont presque tout le charbon se vend à l'exportation à des prix sensiblement uniformes et faciles à constater.

Ce qu'il faut retenir, c'est que la base même de l'existence des Unions minières, c'est l'égalité des salaires (dans chaque catégorie d'ouvriers bien entendu), c'est-à-dire l'oppression du bon ouvrier par le médiocre ou le mauvais. Mes correspondants anglais me disent que généralement les mineurs non unionistes ne sont pas molestés par les unionistes ; mais vous avez pu voir, dans les récentes grèves des chargeurs des docks et des ouvriers des usines à gaz de Liverpool et de Londres, comment les unionistes cherchent à faire triompher leurs revendications par les pires violences. Nous avons vu aussi en France les syndicats à l'œuvre.

Grève d'Anzin en 1884.

C'est d'ailleurs sur ce terrain que s'est livré, en 1884, lors de la grève d'Anzin, le combat entre la Compagnie et le syndicat qui avait commencé à grouper un tiers environ des ouvriers et qui avait imposé la cessation du travail aux deux autres tiers.

Le syndicat revendiquait le système de la journée fixe et de la tâche, le système anglais, la compagnie tenant absolument à maintenir et à développer le système du prix fait et de l'entreprise à long terme que je vous expliquerai tout à l'heure. C'est la Compagnie qui l'a emporté et le syndicat s'est dissous.

Je ne crois pas, pour ma part, que le système des Unions parvienne à s'acclimater en France, et cela pour deux raisons.

La première, c'est que le tempérament français se plierait difficilement à l'abdication de toute invidualité que suppose la constitution d'Unions embrassant la totalité ou à peu près des ouvriers, et à la tyrannie intolérable qui en est la conséquence.

La seconde, c'est que, dans la plupart de nos mines, le travail est organisé de manière à proportionner le salaire à l'effort fait et à l'habileté professionnelle déployée, et que cette inégalité des salaires est à peu près incompatible avec le fonctionnement des Unions.

Entreprise.

J'arrive, messieurs, à ce système qui est celui du prix fait ou de l'entreprise.

Entreprise générale.

Tout d'abord, je dois vous dire deux mots du mode par entreprise générale, qui n'a que le nom de commun avec celui du prix fait ou de l'entreprise fractionnée :

Ce système consiste à donner l'exploitation de toute une mine

ou de tout un quartier de mine à un entrepreneur général auquel
la compagnie paie une somme déterminée pour chaque tonne de
matière utile produite et transportée au bas du puits, ou extraite au
jour et triée. L'entrepreneur général s'arrange avec les ouvriers
comme il l'entend, fixe les prix à sa guise. La compagnie exploi-
tante se désintéresse absolument de la conduite de ses hommes.

Le plus souvent ces entrepreneurs sont en même temps logeurs
et cabaretiers. Ils tiennent les ouvriers par les avances qu'ils leur
consentent et qu'ils favorisent même. En général, ils exploitent les
ouvriers.

En outre, comme ils n'ont aucun intérêt au bon aménagement
des gîtes, ils prennent les parties les plus faciles et laissent les mau-
vaises ; ils gaspillent ainsi les gisements, et ne font que le moins
possible pour la sécurité.

Telle était autrefois l'organisation du travail dans les mines de
l'Aveyron. Elle a abouti aux grèves violentes d'Aubin et de Decazeville, en 1869 ; elle a provoqué d'ardents antagonismes entre les
ouvriers et les patrons. Bien que supprimée depuis une dizaine d'années, elle a laissé des traces profondes dans l'esprit des populations ;
les anciens entrepreneurs devenus riches et continuant à exercer
une grande influence, mécontents d'ailleurs d'une modification qui
mettait fin à leurs exactions, appuyés sur les petits marchands
du pays qui voyaient d'un mauvais œil la société coopérative
fondée avec l'appui de la compagnie, ont attisé les haines et excité
les ouvriers.

Sur un terrain aussi bien préparé, les rancunes politiques, les
ambitions et les passions les moins avouables ont pu se donner
carrière. Le 26 janvier 1886, un malheureux ingénieur, bien
innocent de tout le passé, est lâchement assassiné et martyrisé
par une foule en délire. Les ouvriers épouvantés rentrent au travail.
Des interpellations ont lieu à la Chambre. Le ministre de la guerre
déclare à la tribune que ses soldats partageront au besoin leur ga-
melle avec les grévistes. L'ordre du jour pur et simple est voté, sans
un mot de blâme pour les assassins. Les journalistes révolution-
naires, les députés Basly, Camélinat et autres, fomentent la grève.

Celle-ci éclate à la fin de février; elle est soutenue par les vœux et les subsides des conseils municipaux d'un certain nombre de grandes villes, parmi lesquelles Paris, — et elle tient le pays tout entier dans l'anxiété pendant trois mois et demi...

Ce mode d'entreprise générale n'a d'entreprise que le nom, puisqu'il ne s'applique pas aux ouvriers.

Entreprises fractionnées.

J'arrive enfin au mode le plus usité en France, qui est le plus satisfaisant, puisqu'il réalise ce qui doit être le desideratum de toute collectivité, savoir : *de rémunérer chacun selon son travail et suivant ses œuvres.*

Il consiste à confier à un petit nombre d'ouvriers : deux, quatre, six au plus, associés entre eux, tous les travaux à exécuter dans leur chantier ou taille, savoir : l'abatage du charbon, le boisage, le remblayage, le chargement et le roulage du charbon jusqu'au plan incliné le plus voisin, la confection et l'entretien de la galerie de roulage jusqu'au plan. Les ouvriers sont de véritables tâcherons, qui prennent à leur compte un ou plusieurs manœuvres payés à la journée. Ceux-ci sont ordinairement les fils des ouvriers partageants ou associés, qui se forment ainsi au travail du mineur; ils commencent par charger et rouler le charbon, ils apprennent à manier le pic, à poser un bois et, vers 18 à 19 ans ou 20 ans, deviennent piqueurs à leur tour. Ou réalise ainsi dans les grandes exploitations l'atelier de famille, où les enfants font leur apprentissage et travaillent sous la surveillance directe de leurs parents.

Les prix sont faits pour une durée d'au moins un mois et, autant que possible, de plusieurs mois, lorsque la régularité du gîte le permet. Ils ont pour unité la berline ou wagonnet de charbon roulé jusqu'au plan incliné; en outre, il y a généralement une indemnité déterminée par mètre courant de galerie excavée et une autre pour l'entretien de cette galerie quand sa longueur dépasse un certain chiffre. Ordinairement, ces marchés sont passés de gré à gré entre les ouvriers et l'ingénieur. Quand le contrat est passé pour plus d'un mois, on en fixe les conditions par écrit et on retient sur les premiers paiements une certaine somme comme cautionnement (1).

Malgré l'existence de ces contrats, les surveillants relèvent chaque jour avec soin, sur leurs carnets d'attachement, les journées faites, afin que l'administration de la mine puisse se rendre compte du prix réel auquel ressort ainsi la benne de charbon. On note, en outre, avec soin le taux des salaires promis aux manœuvres qui sont engagés à la journée.

Tous les quinze jours, dans le Nord, tous les mois ailleurs, l'ingénieur, assisté du maître porion, fait le mesurage des travaux qui sont payés au mètre courant. On dresse la feuille de paye en retenant le prix des explosifs, qui sont à la charge des ouvriers, les amendes, la cotisation pour les caisses de secours ou de retraite, et on paie le produit net ordinairement au chef de chantier, qui partage entre ses associés dans les proportions convenues d'avance, après avoir payé ses manœuvres d'après leur nombre de journées.

Il est très important que les prix soient faits pour plusieurs mois, et que l'ouvrier soit assuré qu'il ne sera pas réduit s'il gagne de grosses journées. Il y a des administrations qui gourmandent leurs ingénieurs quand elles voient figurer de hauts prix de journée sur la feuille de paye. Les administrations qui agissent ainsi vont contre leurs intérêts, pourvu, bien entendu, que les prix soient établis avec soin. Ce qui importe, c'est que l'ouvrier produise beaucoup, et, pour cela, il faut qu'il gagne beaucoup. Le prix de revient, bien loin de monter, baissera, à cause de ces frais constants dont j'ai déjà eu l'occasion de parler et qui se répartiront sur une plus forte extraction. Avec un contrat ferme, l'ouvrier travaille avec ardeur et rend tout ce qu'il peut donner. Aussi un bon ouvrier gagne-t-il avec ce système des journées, 5, 6 et 7 francs; il est libre, d'ailleurs, d'augmenter son gain à un moment donné, quand un besoin de famille imprévu, une échéance à couvrir, un meuble ou un animal domestique à acheter, etc., lui font désirer une recette exceptionnelle.

Voici, par exemple, le relevé des salaires de tous les ouvriers à

---

(1) Voir sur ce sujet un excellent article de M. Alfred Renouard dans l'*Économiste français* du 20 juillet 1889.

la veine de la fosse Saint-Louis, à Anzin, pour la première quinzaine de janvier 1890. Sur 37 équipes ou bandes travaillant au marchandage, c'est-à-dire avec un contrat à long terme, une a gagné seulement 3 fr. 85 c. par journée et par mineur;

8 ont gagné de 4 à 5 francs;

18 ont gagné de 5 à 6 francs;

10 ont gagné de 6 à 7 francs.

Le salaire moyen du mineur est de 5 fr. 47 c. Les salaires sont donc très variables et toujours proportionnés à l'effort et à l'habileté déployés par l'ouvrier.

Ce système, qui satisfait les bons ouvriers, c'est-à-dire heureusement la majorité, mécontente par contre les faibles, les paresseux et les maladroits. Ceux-ci trouvent toujours qu'ils ne gagnent pas assez et que les prix sont trop faibles.

Ce sont eux qu'on trouve à la tête des syndicats, réclamant des augmentations de salaire et préconisant la suppression des travaux à l'entreprise, le travail à la tâche et l'égalité des salaires.

Le système de l'entreprise fractionnée est appliqué avec son entier développement à Anzin, à Commentry, à Blanzy, dans le Gard, et il y a produit les plus heureux résultats. On le retrouve avec des variantes dans la plupart des houillères françaises, et il est permis de dire que les mines où les rapports entre chefs et ouvriers sont les meilleurs sont celles où le système des entreprises fractionnées a été appliqué et développé depuis longtemps, avec tact et prudence, et dans un esprit d'équité et de bonne volonté.

Me voici arrivé, messieurs, au terme de ma route; j'ai cherché à élaguer les détails ou les termes techniques qui n'auraient pas été ici à leur place. Je me suis efforcé, en décrivant les éléments de ces organismes compliqués, de vous montrer les efforts et les sacrifices des exploitants en faveur de leurs ouvriers et l'influence qu'une organisation plus ou moins rationnelle du travail exerce sur les rapports des uns et des autres.

En résumé, il y a deux modes bien distincts dans les relations Résumé.
entre patrons et ouvriers :

1° le mode germain et anglo-saxon, qu'un Anglais, Carlyle, je
crois, a caractérisé du mot « cash wages », des salaires au comptant. Employeurs et employés sont quittes à la fin de la quinzaine
ou du mois, quand l'un a reçu le travail et l'autre son salaire. Le
lendemain, ils ne se connaissent plus; c'est à qui fera le plus
habilement ses affaires et arrachera le plus d'avantages à son adversaire.

J'ai dit adversaires, ce sont en effet deux antagonistes et non
deux collaborateurs qui sont en présence.

Dans ce système, ou plutôt dans cette lutte, l'ouvrier s'appuie
soit sur l'association comme en Angleterre, soit sur l'État comme
en Prusse, mais en aliénant presque complètement sa liberté individuelle;

2° le mode français « des rapports à long terme » dans lequel
le patron ne se croit pas quitte envers l'ouvrier quand il lui a
payé sa quinzaine ou son mois. Il estime qu'il a envers lui les
devoirs que la loi morale, à défaut de la loi humaine, impose à
ceux auxquels Le Play a donné le nom si juste et si caractéristique « d'autorités sociales ».

J'ai la conviction profonde que ce serait rendre un bien mauvais
service à nos mineurs que d'obliger les patrons à échanger le système français, fait de libéralité et de bonne volonté, contre la rudesse autoritaire du Germain ou l'indépendance impitoyable de
l'Anglo-Saxon.

Je viens de décrire l'organisation du travail dans nos mines. Il Les grèves.
me reste à dire quelques mots de sa désorganisation, c'est-à-dire des
grèves, malheureusement trop fréquentes en France depuis un certain nombre d'années.

Tout d'abord, il ne faut pas 'se figurer que nos ouvriers soient
reconnaissants de tout ce que les compagnies font pour eux. Leur
horizon est borné, ils ne savent pas ce qui se passe chez leurs voisins, et ils croient de bonne foi que, en les logeant à peu près pour

4

rien, en les chauffant gratuitement, en les assurant contre les risques de maladies, d'accidents, de vieillesse, en secourant les familles des réservistes et des territoriaux, les patrons ne font que ce qu'ils doivent et qu'ils rendent simplement aux ouvriers ce que ceux-ci appellent leur dû.

D'un autre côté, je vous ai signalé, chemin faisant, les imperfections qui peuvent exister çà et là dans nos organisations minières, imperfections qui sont souvent moins le fait des hommes que le résultat d'habitudes, de traditions, de préjugés même, qu'il n'est pas toujours possible de modifier, même quand elles ont été reconnues. En d'autres temps, les mécontentements qui pouvaient ainsi se produire restaient localisés. Aujourd'hui, ils sont exploités et exaltés pendant les périodes d'agitation politique, qui se renouvellent chez nous tous les quatre ans et parfois plus souvent.

Les mineurs, population agglomérée, vivant d'une existence à part, constituent un contingent électoral important et sont particulièrement visés par les candidats. Ceux-ci ou leurs agents, dont le rôle est de se poser en redresseurs de torts, ne manquent pas de s'enquérir de ce qu'ils appellent les besoins des populations, de recueillir tous les griefs fondés ou non et de promettre leur redressement.

Au lendemain des élections, comme les promesses ne se réalisent pas, les meneurs profitent du moment de déception qui se produit parmi les ouvriers, et s'il y a quelque motif de mécontentement ou quelque dissentiment entre ceux-ci et l'administration de la mine, ils décrètent la grève et l'imposent par la force aux braves gens qui n'aiment pas les coups et qui sont de beaucoup la majorité. On voit alors surgir un individu qui n'est même pas toujours un mineur, et qui se pose en délégué ou représentant des mineurs. Il est généralement reconnu comme tel par l'autorité qui parlemente avec lui et lui donne ainsi une importance qu'il n'aurait jamais sans cela. « Ces chefs et la bande qui les suit » font peur à la population » paisible, disait M. Paul Leroy-Beaulieu dans l'*Économiste français* » du 5 avril 1886, après les grèves de Decazeville et de Belgique. » Une sorte de respect humain s'empare des ouvriers laborieux et

» fait qu'ils n'osent pas résister à des gens qui ont le verbe haut.
» La généralité des ouvriers est ainsi opprimée par des individus
» audacieux. A cette situation il faut ajouter que la presse, les
» orateurs des réunions publiques, et jusques aux parlements
» s'appliquent à aduler, d'une façon lâche et scélérate, les ouvriers.
» Dans les élections, les candidats sont à leurs pieds et leur font
» les promesses les plus extravagantes. On leur dit qu'ils sont les
» maîtres, les seuls maîtres et que leur pouvoir n'a pas de limites.
» Ces flagorneries honteuses auxquelles se ravalent les politiciens
» sont un des grands périls de la civilisation. »

Ce tableau, que M. P. Leroy-Beaulieu traçait d'une plume virulente, à propos de la grève de Decazeville, on en retrouverait les principaux traits dans la plupart des grèves qui ont éclaté depuis dix ans.

Telles sont, à mon avis, les causes réelles de nos grèves. Quant aux moyens d'empêcher qu'elles ne se prolongent, quand elles ont éclaté, ils ne sont pas à la disposition des exploitants.

Eux ne peuvent que chercher à éviter les occasions de mécontentement et de conflit, tout en maintenant une ferme discipline qui, je le répète, est la condition *sine quâ non* de la sécurité.

Et malgré toutes les attaques dont ils ont été l'objet, j'estime qu'ils doivent persévérer dans la conduite libérale qu'ils ont tenue jusqu'ici envers les ouvriers mineurs, et qui est aussi conforme aux instincts et aux traditions de notre race qu'aux intérêts bien entendus de leur industrie.

ANNEXE N° I

Détail des libéralités de quelques Compagnies houillères françaises.

COMPAGNIE D'ANZIN

Production en 1888 . . . . Tonnes. 2.595.581
Nombre d'ouvriers du fond (y compris les machinistes, char-
    geurs, trieurs, etc., etc. du carreau des fosses) 9.632
Nombre d'ouvriers du jour (ateliers, rivages, fours à coke,
    agglomérés, chemins de fer). 1.892
Salaire total des ouvriers du fond en 1888 . . . . . . Fr. 10.775.620 »
    Soit par ouvrier 1.118 73
Salaire total des ouvriers du jour . . . . 2.076.248 »
    Soit par ouvrier du jour 1.097 38
Dividendes distribués aux associés. . . . . 3.312.000 »

Détail des libéralités de la Compagnie en 1888.

1° Perte sur les loyers . . . . Fr. 220.752 »
2° Perte d'intérêts sur les avances de fonds pour acheter ou
    bâtir et sur les maisons vendues 3.048 95
3° Frais d'instruction 31.875 45
4° Pensions et secours 739.481 25
5° Allocations aux familles des réservistes. 8.497 50
6° Valeur du charbon distribué . . . . 359.130 »
7° Prix des premiers vêtements de travail. 982 80
8° Secours à l'occasion de la première communion. . . . . 5.280 »
9° Service de santé. 198.709 27

                                              Total. . Fr. 1.567.757 22

La seule retenue sur les salaires supportée par les ouvriers est de 1 1/2 0/0 et est appliquée à la retraite.

En outre, 6,544 ouvriers du fond sur 9,632 font partie de Sociétés de secours mutuels, indépendantes de la Compagnie, auxquelles ils versent 0 fr. 50 c. par quinzaine.

COMPAGNIE DE DOUCHY

Production en 1888 . . . . Tonnes.	335.419	
Nombre total d'ouvriers occupés.	1.464	
Salaire total . . . . Fr.	1.595.954	»
— par ouvrier	1.090	13
Dividendes distribués aux associés.	449.280	»

Détail des libéralités en 1888.

1° Pensions de retraite . . . . Fr.	41.718	12
2° Primes pour longs services	21.801	60
3° Allocations de chauffage	51.394	30
4° Pertes sur les loyers	66.771	70
5° Service de santé	13.931	46
6° Secours pécuniaires (en cas de maladies, blessures, appel sous les drapeaux)	6.547	10
7° Frais funéraires	526	91
8° Gratifications (première communion, Sainte-Barbe) . . .	2.058	»
9° Subventions et prix offerts aux Sociétés ouvrières (déduction faite du produit des amendes)	5.426	75
10° Subvention aux écoles (primaires et d'adultes)	1.177	»
Total. . Fr.	211.352	94

Les charges supportées directement par les ouvriers sont :

Pour la caisse de secours (obligatoire), 0 fr. 30 c. par quinzaine pour les manœuvres à la journée, 0 fr. 60 c. pour les ouvriers à l'entreprise.

Pour la Société de prévoyance (facultative), 1 franc par mois pour les membres âgés de plus de seize ans, 0 fr. 60 c. de douze à seize ans. Droit d'entrée une fois payé, 2 francs.

COMPAGNIE DE COURRIÈRES

Production en 1888 . . . . Tonnes.	1.077.746	
Nombre d'ouvriers.	3.544	
Salaire total payé . . . . Fr.	4.076.918	»
— par ouvrier	1.153	20
Dividendes distribués	2.600.000	»

Détail des libéralités en 1888.

Service médical. . . . . Fr.	19.120	80
Médicaments	24.813	90
Secours	36.272	40
Écoles et culte	28.240	30
Pensions.	19.946	95
Perte sur les loyers	112.000	»
Chauffage	128.000	»
Total. . Fr.	368.394	35

Les charges supportées directement par les ouvriers s'élèvent à 2.33 0/0 du salaire et sont destinées à la caisse de secours.

COMPAGNIE DE LIÉVIN

Production en 1888. . . . . Tonnes.	586.842	
Nombre d'ouvriers du service du fond (y compris les machinistes, receveurs, trieurs, manœuvres au jour sur les fosses).	2.049	
Nombre d'ouvriers du service du jour	148	
Salaire total en 1888. . . . . Fr.	2.322.210	»
— par ouvrier	1.057	»
Dividendes distribués	481.140	»

Détail des libéralités en 1888.

Pensions de retraite par suite d'incapacité partielle de travail résultant de blessures et secours divers.	938	»
Service médical (médecins et médicaments).	28.598	70
Secours aux réservistes et aux territoriaux	3.831	50
Frais de culte et allocations diverses	1.864	57
Allocation à la caisse de secours.	34.649	48
Perte sur les loyers	182.858	17
Chauffage	61.683	20
Écoles et asiles	27.297	29
Total. . Fr.	271.838	56

Les charges supportées par les ouvriers s'élèvent à 3 0/0 du salaire annuel et alimentent, avec la subvention de la Compagnie, la caisse de secours qui est en même temps caisse de retraites.

MINES DE BLANZY
(Jules Chagot et Cie).

Production en 1888 . . . . Tonnes.   916.200
Nombre d'ouvriers du fond. 2.975
     —   du jour 2.333
Salaire total des ouvriers du fond . . . . Fr.   3.668.175 »
     —   —   du fond et du jour. . . . .   6.082.830 »
     —   par ouvrier du fond. . . , ...   1.233 »
     —   —   —   et du jour. . . . .   1.146 »
Dividendes distribués aux actionnaires. . . . .   2.100.000 »

Détail des libéralités en 1888.

Subvention à la caisse de secours . . . . Fr.   144.724 63
Service des retraites. 99.748 50
Service de santé 40.295 16
Écoles et ouvroirs. 174.617 13
Pertes sur les loyers 152.266 86
Concessions de terrains et avances d'argent 4.085 60
Bureaux d'assistance (secours divers). 38.453 60
Pertes sur intérêts des dépôts d'argent 6.320 40
Subventions à diverses Sociétés et associations. 21.672 56
Culte 47.259 44
Bains, Divers.   3.510 10
Chauffage 319.776 50

                              TOTAL. . Fr.   1.052.730 50

Les ouvriers supportent, pour la caisse de secours, une retenue de 2 1/2 0/0 de leurs salaires.

COMPAGNIE HOUILLÈRE DE BESSÈGES

Production en 1888 . . . . Tonnes.   412.445
Nombre total d'ouvriers et d'employés participant aux caisses de secours et de retraites (sauf 8 employés supérieurs non participants) 2.354
Salaire annuel moyen (hommes et enfants) . . . . . . Fr.   1.303 40
     —   —   (employés compris) 1.335 63
Dividendes distribués . . . .   600.000 »

Détail des libéralités en 1888.

1° Subvention à la caisse de secours . . . . Fr.	63.182	90
2° — — de retraites	43.368	75
3° Service médical	29.394	75
4° Infirmerie et médicaments	11.268	25
5° Inhumations	37	»
6° Secours divers	2.141	70
7° Écoles	39.180	90
8° Cultes	3.972	75
9° Chauffage	103.936	60
10° Gratifications	25.202	»
11° Libéralités spéciales du Conseil d'administration	24.050	80
TOTAL. . Fr.	345.736	40

Les ouvriers supportent une retenue de 2 0/0 sur leurs salaires pour alimenter la caisse de secours et de 3 0/0 pour la caisse des retraites.

ANNEXE N° 2

Données statistiques sur les salaires dans les mines allemandes en 1888.

(Extrait des circulaires du Comité central des houillères de France, n° 206, du 26 octobre 1889.)

En exécution d'un arrêté ministériel en date du 28 octobre 1887, il a été dressé, pour la première fois en Allemagne, par les soins de l'Administration des mines, une statistique complète des salaires des ouvriers mineurs.

Cette statistique porte sur l'année 1888. (Tableau n° 1.)

Les sommes portées dans les colonnes 6 et 8 représentent le *gain net* payé comptant aux ouvriers, déduction faite de toutes les retenues.

Ces retenues montent, en moyenne, par poste, à 0 m. 20 (0 fr. 25), pour les ouvriers du jour, et à 0 m. 27 (0 fr. 335), pour les ouvriers du fond.

Ces retenues se décomposent en :

0 m. 11 (0 fr. 135), participation aux caisses de maladie et de retraite ;

0 m. 09 (0 fr. 11), frais d'entretien des outils ;

0 m. 07 (0 fr. 09), fourniture d'huile pour les ouvriers du fond.

Ces retenues sont, d'ailleurs, très variables d'une province à l'autre.

Ainsi, la participation aux caisses de maladie et de retraite monte, dans la Haute et la Basse Silésie, ainsi que dans le district de Halle, à 0 m. 08 (0 fr. 10) ;

Dans le Hartz supérieur, à 0 m. 13 (0 fr. 16) ;

Dans le district de Dortmund, à 0 m. 12 (0 fr. 15) ;

Dans le district de Saarbrück, à 0 m. 18 (0 fr. 225).

Les fournitures d'huile sont comptées, dans les trois premiers districts, de 0 m. 03 à 0 m. 07, soit en moyenne 0 m. 051 (0 fr. 065), et, dans les trois autres districts, à 0 m. 09 (0 fr. 115).

Les frais d'entretien des outils sont comptés à des prix bien plus irréguliers encore ; tandis que, dans les mines de lignite de Halle, on ne les compte qu'à 0 m. 007 (moins de 1 centime), on les estime à 0 m. 04 (0 fr. 05) en Basse Silésie, à 0 m. 10 (0 fr. 125) dans le district de Dortmund, à 0 m. 14 (0 fr. 175) dans la Haute Silésie, à 0 m. 159 (0 fr. 20) dans les mines de cuivre du district de Halle et à 0 m. 203 (0 fr. 26) dans les salines du district de Halle.

A côté des gains nets, payés comptant, il faut tenir compte, dans la plupart des districts, des *suppléments en nature* donnés sous diverses formes.

Ainsi, les ouvriers reçoivent en Haute et Basse Silésie, sous forme de terrain à cultiver, de logement, de chauffage gratuit, des suppléments qui, par poste et par ouvrier, peuvent être évalués entre 0 m. 04 et 0 m. 05 (0 fr. 05 à 0 fr. 06).

Dans le Hartz supérieur, il faut compter les distributions de blé, qui, en 1888, peuvent être évaluées à 0 m. 06 (0 fr. 075) par poste et par ouvrier.

Les colonnes 6, 7 et 8 étant comptées en *marcs* (1 fr. 25), nous avons ajouté la colonne 7 *bis*, où le gain net par poste est calculé en *francs*.

Nous compléterons ces données générales par quelques données relatives plus spécialement au district de Dortmund. (Tableau n° 2.)

Tableau n° 1.

SALAIRES DANS LES MINES ALLEMANDES EN 1888

(Statistique officielle.)

CLASSIFICATION DES OUVRIERS et des natures de mines	Nombre des ouvriers	POSTES DE TRAVAIL		Durée d'un poste y compris l'entrée et la sortie	GAIN NET (déduction faite de toutes les retenues pour outils, etc., et des retenues pour caisses de secours, etc.)			Gain annuel par ouvrier
		Total	Par ouvrier		Total	Par poste		
1	2	3	4	5	6	7	7 *bis*	8
				Heures.	Marcs.	Marcs.	Francs.	Marcs.
1° Ouvriers mineurs proprement dits occupés au fond.								
(Travaux préparatoires ou de réparation, abatage, roulage.)								
Mines de houilles de Haute-Silésie	25.010	6.824.633	273	12	14.136.536	2,07	2,59	565
— — Basse-Silésie	8.066	2.469.987	306	10	5.378.468	2,18	2,72	667
— de lignites du district de Halle . . .	7.833	2.306.229	294	11.8	5.644.771	2,45	3,06	721
— de schistes cuivreux — . . .	10.749	3.044.383	283	8.8	8.370.367	2,75	3,44	779
— de sel gemme — . . .	2.430	708.021	291	8.5	2.198.824	3,11	3,89	905
— métalliques royales du Hartz supérieur.	1.896	558.748	295	10.7	1.269.502	2,27	2,83	670
— de houilles du district de Dortmund.	65.967	20.841.331	316	6-12	61.735.416	2,96	3,70	936
— de houilles royales de Saarbrück . .	17.338	5.004.144	289	10	15.335.732	3,06	3,83	885
2° Autres ouvriers occupés au fond.								
(Fonçage des puits et travaux accessoires.)								
Mines de houilles de Haute-Silésie	4.749	1.390.330	293	12	2.650.331	1,91	2,39	558
— — Basse-Silésie	1.867	587.613	315	10	1.253.971	2,13	2,66	672
— de lignites du district de Halle. . . .	853	250.972	294	11.6	530.108	2,11	2,64	621
— de schistes cuivreux — . . .	140	42.509	304	8.9	111.694	2,63	3,29	798
— de sel gemme — . . .	210	67.415	321	8.5	234.212	3,47	4,34	1.115
— métalliques royales du Hartz supérieur.	417	124.588	299	12	316.977	2,54	3,17	760
— de houilles du district de Dortmund.	14.852	4.842.038	328	6-12	11.327.044	2,34	2,93	763
— de houilles royales de Saarbrück. . .	3.010	908.309	302	10	2.363.533	2,60	3,25	785

Tableau n° 1 (Suite.)

CLASSIFICATION DES OUVRIERS et des natures de mines	Nombre des ouvriers	POSTES DE TRAVAIL Total	Par ouvrier	Durée d'un poste y compris l'entrée et la sortie	GAIN NET déduction faite de toutes les retenues pour outils, etc., et des retenues pour caisses de secours, etc. Total	Par poste	7 bis	Gain annuel par ouvrier
1	2	3	4	5	6	7	7 bis	8
				Heures.	Marcs.	Marcs.	Francs.	Marcs.
3° Ouvriers occupés au jour. *(Abstraction faite des gamins et des femmes.)*								
Mines de houilles de Haute-Silésie	6.832	2.030.798	297	12	3.405.554	1,68	2,10	498
— — Basse-Silésie	3.213	1.011.505	315	10	1.908.875	1,89	2,36	594
— de lignites du district de Halle . . .	9.904	2.907.424	294	11.9	6.189.667	2,13	2,66	625
— de schistes cuivreux —	2.053	607.923	296	9.1	1.568.760	2,58	3,22	764
— de sel gemme — . . .	950	306.780	323	11.6	926.818	3,02	3,78	976
— métalliques royales du Hartz supérieur.	984	300.930	306	12	467.668	1,55	1,94	475
— de houilles du district de Dortmund.	17.548	5.905.909	337	8-12	13.978.362	2,37	2,96	797
— de houilles royales de Saarbrück . .	3.949	1.102.829	279	10	2.809.308	2,55	3,19	711
4° Jeunes ouvriers. *(De 14 à 16 ans.)*								
Mines de houilles de Haute-Silésie	150	38.857	259	12	27.240	0,70	0,88	182
— — Basse-Silésie	377	114.184	303	10	103.228	0,90	1,12	274
— de lignites du district de Halle. . .	217	59.147	273	10.5	71.439	1,21	1,51	329
— de schistes cuivreux — . . .	562	155.310	276	8.3	174.110	1,12	1,40	310
— de sel gemme — . . .	98	29.532	301	11.1	32.150	1,09	1,36	328
— métalliques royales du Hartz supérieur	244	69.156	283	10	43.396	0,63	0,89	178
— de houilles du district de Dortmund.	3.828	1.154.994	302	8-12	1.170.009	1,01	1,26	306
— de houilles royales de Saarbrück. . .	105	29.229	278	8-10	34.757	1,19	1,49	331
5° Femmes.								
Mines de houilles de Haute-Silésie	4.129	1.142.121	277	12	878.602	0,77	0,96	213
— — Basse-Silésie	451	139.867	310	10-12	155.546	1,11	1,39	345
— de lignites du district de Halle. . .	483	127.454	264	11.7	168.643	1,32	1,65	349
— de schistes cuivreux — . . .	»	»	»	»	»	»	»	»
— de sel gemme — . . .	1	355	355	11.8	425	1,20	1,50	425
— métalliques royales du Hartz supérieur.	»	»	»	»	»	»	»	»
— de houilles du district de Dortmund.	»	»	»	»	»	»	»	»
— de houilles royales de Saarbrück. . .	»	»	»	»	»	»	»	»
6° Résumé général et moyennes.								
Mines de houilles de Haute-Silésie	40.870	11.426.739	280	12	21.058.263	1,85	2,31	516
— — Basse-Silésie.	13.974	4.323.156	309	10	8.800.088	2,04	2,53	630
— de lignites du district de Halle. . .	19.290	5.651.226	293	11.8	12.604.628	2,23	2,80	653
— de schistes cuivreux — . . .	13.504	3.850.125	285	8.8	10.224.931	2,66	3,32	757
— de sel gemme — . . .	3.689	1.112.103	301	9.4	3.392.429	3,05	3,81	920
— métalliques royales du Hartz supérieur.	3.541	1.053.422	297	11.2	2.097.543	1,99	2,49	592
— de houilles du district de Dortmund.	102.195	32.744.272	321	6-12	88.210.831	2,69	3,35	863
— de houilles royales de Saarbrück. . .	24.402	7.044.511	289	10	20.543.330	2,92	3,66	842

Tableau n° 2.

ANNÉES	OUVRIERS occupés au fond Traçage, abatage, roulage	OUVRIERS occupés au fond Fonçage et travaux pré-paratoires	OUVRIERS occupés au jour Non compris les femmes et gamins	GAMINS de 14 à 16 ans	TOTAL ET MOYENNES	
1° Nombre des ouvriers.						
1886	55.763	23.221	17.822	3.146	99.952	
1887	54.698	22.994	17.601	3.214	98.507	
1888	65.967	14.852	17.548	3.828	102.195	
2° Postes par ouvrier.						
	Postes	Postes	Postes.	Postes	Postes	
1886	290	307	324	276	300	
1887	302	315	326	293	309	
1888	316	326	337	302	321	
3° Gain net par ouvrier.						
	Marcs	Marcs	Marcs	Marcs	Marcs	Francs
1884	3,08	2,24	2,36	1,06	2,68	3,35
1885	3,04	2,22	2,39	1,06	2,66	3,32
1886	2,92	2,17	2,35	1,00	2,58	3,23
1887	2,93	2,14	2,37	0,99	2,57	3,22
1888	2,96	2,34	2,37	1,01	2,69	3,36
4° Gain net total par an.						
1886	848	666	762	276	772	965
1887	886	673	772	288	796	995
1888	936	763	797	306	863	1.079

ANNEXE N° 3

Relation de l'accord conclu le 15 janvier 1890 entre les soussignés, Archibald Hood, C.-B. Holland, William Thomas et Edward P. Martin, et les autres personnes qui doivent exécuter l'accord, dument autorisés à agir au nom des membres de l'association des houillères du Monmouthshire et du South Wales, dénommés ci-après patrons et n'excédant pas en tout onze personnes, d'une part,

Et les soussignés William Abraham, David Morgan, Isaac Evans, Thomas Griffiths, Phillip Jones, P.-D. Rees, Daniel Jones, Thomas Isaac, Thomas Davio et Morgan Weeks, dûment autorisés à agir au nom des ouvriers, y compris les machinistes, chargeurs, et autres employés à la surface sur les houillères des membres de ladite association, d'autre part.

1. Les dites parties constituent le comité mixte *(Joint Committee)* et le dit comité doit être accepté par les patrons et les ouvriers.

2. Le comité mixte aura deux secrétaires, un payé par les patrons, l'autre par les ouvriers.

3. Le nombre des membres du comité mixte ne doit pas excéder 22, non compris les deux secrétaires, 11 agissant pour les patrons, 11 pour les ouvriers.

4. Le comité mixte convient de régler, sous les conditions suivantes, le taux des salaires qui doivent être payés sur les dites houillères, maintenant et à partir du 1er Janvier 1890.

5. Cet accord comprend et engage l'ensemble de tous les membres de la dite association, sauf ce qui est prévu à la clause 15.

6. Les salaires seront déterminés par une échelle mobile basée sur le prix net moyen de vente du charbon, tel qu'il est déclaré et de temps en temps vérifié par les comptables.

7. Le prix net moyen de vente adopté sera celui du charbon criblé rendu franco bord à Cardiff, Newport, Swansea et Barry.

8. Pour le charbon vendu sur wagon ou d'autre manière sur les houillères, le coût du transport au port ordinaire d'embarquement sera ajouté dans le

calcul du prix net moyen de vente. Le charbon des ouvriers sera exclu.

9. Les salaires types sur lesquels seront faites à l'avenir les augmentations ou diminutions seront respectivement ceux qui sont payés actuellement dans les différentes houillères depuis le mois de décembre 1879, et ces salaires correspondront au prix moyen de vente de 7/10 1/2 à 8/ par tonne.

Il est entendu que dans les houillères où les prix de base des salaires sont encore réglés sur les taux payés en 1877, ces prix continueront à être appliqués dans ces houillères.

10. Les salaires seront augmentés ou diminués, à la fin de chaque période de trois mois, par addition ou réduction de 1 1/4 pour cent sur les prix types, pour chaque augmentation ou diminution de 1 1/2 d. par tonne sur le prix net moyen de vente du charbon, conformément à l'échelle suivante; et, en aucun cas, les salaires dus aux ouvriers ne descendront au-dessous de ceux qui auraient résulté pour eux, pour le même prix de vente moyen, de l'échelle mobile admise dans l'accord du 6 juin 1882, modifiée par l'accord du 7 novembre 1887.

Lorsque le prix net moyen de vente du charbon franco bord		Les salaires seront majorés du pourcentage suivant sur le prix type	Lorsque le prix net moyen de vente du charbon franco bord		Les salaires seront majorés du pourcentage suivant sur le prix type
est de	et au-dessous de		est de	et au-dessous de	
S. D.	S. D.		S. D.	S. D.	
7 10 1/2	8 0	Prix type	9 9	9 10 1/2	18 3/4
8 0	8 1 1/2	1 1/4	9 10 1/2	10 0	20
8 1 1/2	8 3	2 1/2	10 0	10 1 1/2	21 1/4
8 3	8 4 1/2	3 3/4	10 1 1/2	10 3	22 1/2
8 4 1/2	8 6	5	10 3	10 4 1/2	23 3/4
8 6	8 7 1/2	6 1/4	10 4 1/2	10 6	25
8 7 1/2	8 9	7 1/2	10 6	10 7 1/2	26 1/4
8 9	8 10 1/2	8 3/4	10 7 1/2	10 9	27 1/2
8 10 1/2	9 0	10	10 9	10 10 1/2	28 3/4
9 0	9 1 1/2	11 1/4	10 10 1/2	11 0	30
9 1 1/2	9 3	12 1/2	11 0	11 1 1/2	31 1/4
9 3	9 4 1/2	13 3/4	11 10 1/2	12 0	40
9 4 1/2	9 6	15	12 10 1/2	13 0	50
9 6	9 7 1/2	16 1/4	13 10 1/2	14 0	60
9 7 1/2	9 9	17 1/2			

Les bases de cette échelle continuent à être appliquées au-dessous du prix de vente de 7/10 1/2 et au-dessus du prix de 14/. par tonne.

11. Il n'y aura ni maximum, ni minimum dans l'échelle des salaires prévue par le présent accord.

11. Deux comptables seront payés, l'un par les patrons, l'autre par les ouvriers, afin de déterminer le prix net moyen de vente du charbon.

Ce prix net moyen pour :

le trimestre commençant le 31 mars, déterminera les salaires du 1er mai au 31 juillet ;

le trimestre commençant le 30 juin, déterminera les salaires du 1er août au 31 octobre ;

le trimestre commençant le 30 septembre, déterminera les salaires du 1er novembre au 31 janvier ;

le trimestre commençant le 31 décembre, déterminera les salaires du 1er février au 30 avril.

13. Les comptables donneront un certificat du prix net moyen de vente pour chacun des trimestres précités; ce certificat sera communiqué aux secrétaires du comité mixte et ensuite, sur l'autorisation du comité mixte, porté à la connaissance des patrons et des ouvriers.

14. Tout contrat de vente du charbon pour une période de plus de douze mois ne sera pas porté en compte pour plus de quatre périodes successives de trois mois.

15. Les comptables ne tiendront pas compte non plus du charbon produit par les mines d'anthracite qui seront désignées ultérieurement par le comité mixte.

16. Le comité mixte se réunira au moins une fois par mois.

17. Le comité mixte décidera des questions qui pourront être soulevées concernant les infractions au présent accord. Mais aucun conflit ne devra être soumis au comité mixte, sans qu'auparavant les patrons et les ouvriers aient tenté un arrangement amiable.

18. Tous les salaires dus aux ouvriers dans les houillères qui ont conclu le présent accord seront payés tous les quinze jours, étant entendu que, dans les houillères où l'habitude était de payer toutes les semaines, cette pratique sera conservée.

19. Les salaires des machinistes et des chargeurs seront augmentés ou réduits un mois après que les changements auront été apportés aux salaires des autres ouvriers adhérant au présent accord.

20. L'examen du compte de ventes, pour la période du 1er septembre au

31 décembre 1889, gouvernera les salaires pour le trimestre commençant le 1ᵉʳ février 1890 et par anticipation sur le résultat dudit examen, les patrons consentent une avance de 7 1/2 pour cent sur les salaires des ouvriers à partir du 1ᵉʳ janvier 1890.

21. Le présent accord est conclu pour six mois à partir du 1ᵉʳ janvier 1890, et il continuera ensuite jusqu'à ce qu'il soit dénoncé par l'une des deux parties, cette dénonciation devant avoir lieu six mois d'avance et devant être donnée le 1ᵉʳ juillet 1890 ou le premier jour des mois de janvier ou de juillet suivants.

PARIS. — IMPRIMERIE CHAIX, 20, RUE BERGÈRE. — 4717-3-90.

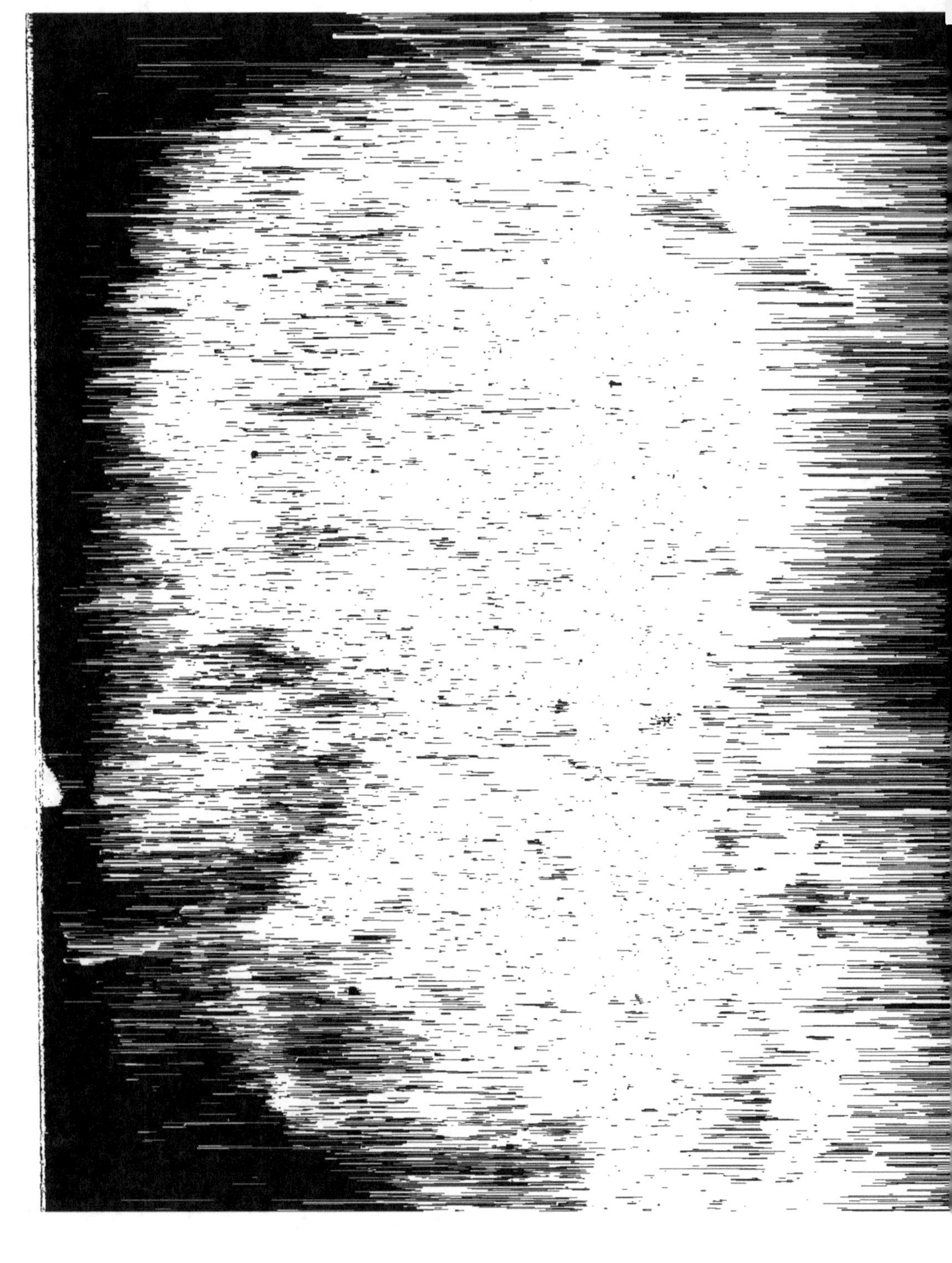

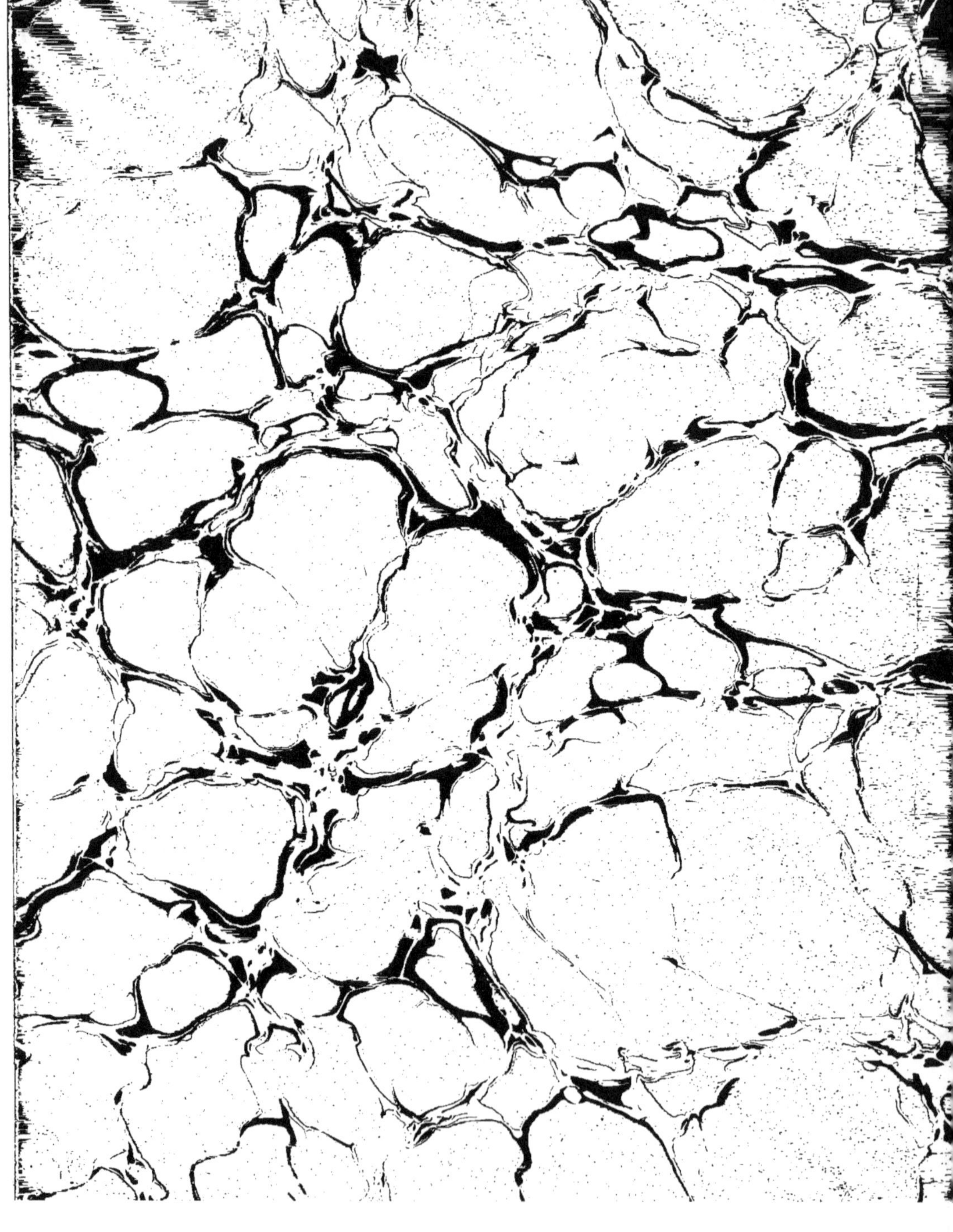

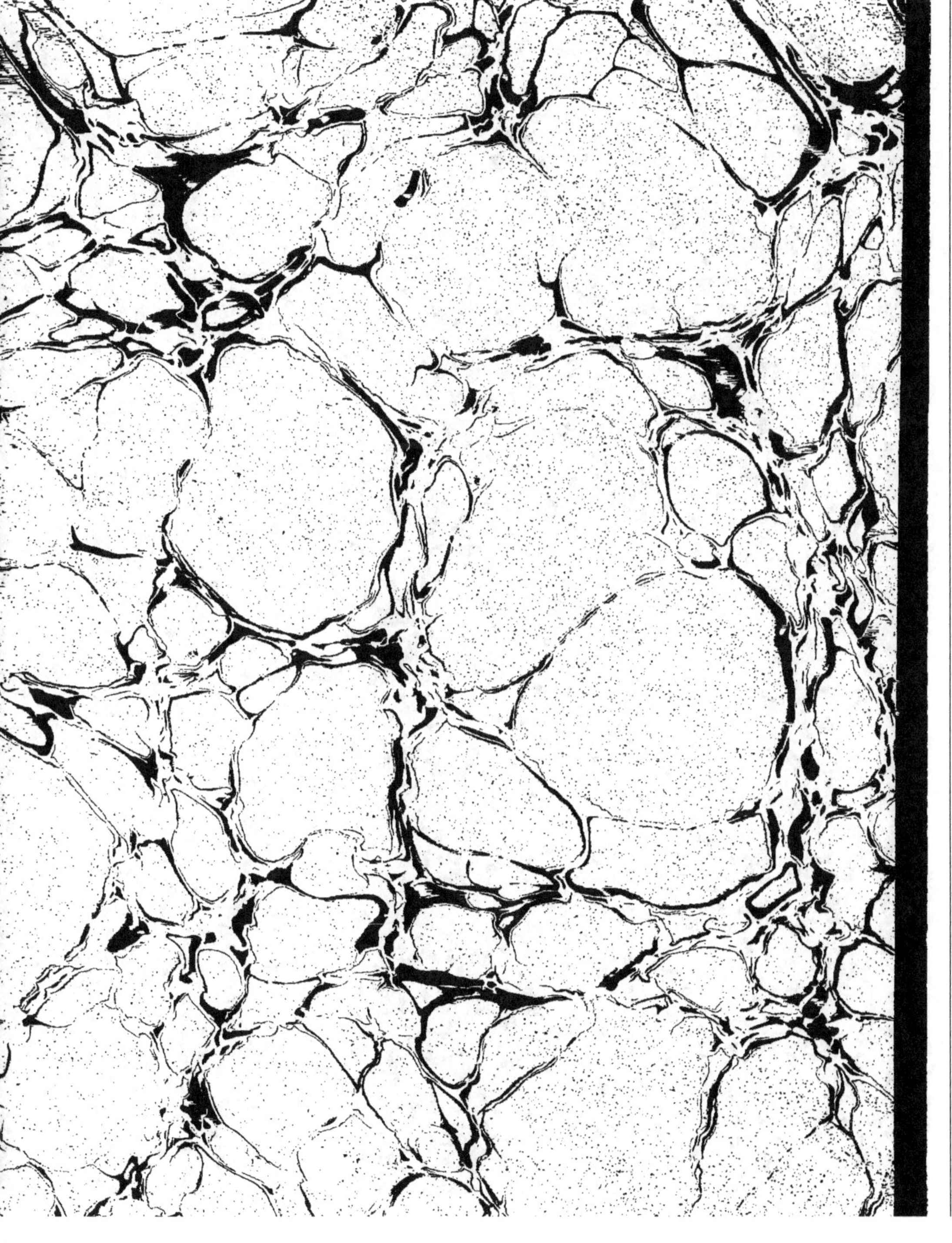